高等学校教材

GIS综合实验教程

GIS Integrated Experiment Course

聂运菊 程朋根 李大军 万冉冉 编著

测绘出版社

·北京·

内容简介

本书是一本针对地理信息系统应用的综合教材，书中的每个实验都可以独立进行，难易结合，将实验内容及目的、数据说明、实验方案、操作流程编排在一起，以文字及图解详细介绍软件操作的具体步骤与方法，共分为七个实验，分别是空间数据的编辑与处理、网络分析、学校选址与道路规划、城市用地适宜性评价、土地整治、流域综合治理及城市三维建模与分析。本书的宗旨是设置综合性实验，以便学生或相关学习人员通过综合实验操作来提高动手能力、综合分析问题及解决复杂工程问题的能力，尤其适合测绘、地理、遥感、土木、建筑、水利、规划、交通、海洋等专业本科生的综合性学习。

图书在版编目（CIP）数据

GIS综合实验教程 / 聂运菊等编著. — 北京 ：测绘出版社，2020.12

高等学校教材

ISBN 978-7-5030-4326-0

Ⅰ. ①G… Ⅱ. ①聂… Ⅲ. ①地理信息系统－高等学校－教材 Ⅳ. ①P208.2

中国版本图书馆CIP数据核字(2020)第142656号

责任编辑　陈西娅　　**封面设计**　李　伟　　**责任印制**　吴　芸

出版发行	测绘出版社	**电　　话**	010－68580735（发行部） 010－68531363（编辑部）
地　　址	北京市西城区三里河路50号	**网　　址**	www.chinasmp.com
邮政编码	100045	**经　　销**	新华书店
电子信箱	smp@sinomaps.com	**印　　刷**	北京建筑工业印刷厂
成品规格	184mm×260mm	**字　　数**	183千字
印　　张	7.5	**印　　次**	2020年12月第1次印刷
版　　次	2020年12月第1版	**定　　价**	32.00元
印　　数	001－800		

书　　号　ISBN 978-7-5030-4326-0

前言

地理信息系统(GIS)是一门兼顾理论研究与实践操作的综合性学科技术,需要具有丰富的专业理论知识、较强的GIS应用能力和地理空间分析思维的复合型人才。深入理解GIS的基础理论知识、灵活运用GIS软件解决实际问题是新时代GIS相关专业学生应具备的基本能力,也是培养地理空间新思维模式的重要方法。近年来,我国地理信息产业快速发展,对不同层次创新人才的需求不断提高。在这种大背景下,我国GIS高校教育也不断发展,需要不断提升GIS本科教学质量和学生综合能力。为培养学生解决复杂问题的能力和提高软件操作水平,笔者设计了以综合实验为主线的实验教程,以便学生通过综合实验操作来提高动手能力及综合分析问题、解决问题的能力。

本书中所涉及实验均在ArcGIS 10.2软件中进行操作,每个实验可以独立进行,难易结合。实验中所用数据由教师提供,实验数据可从测绘出版社网站(http://www.chinasmp.com)下载中心下载。笔者以独立的综合实验来组织教材,将实验内容及目的、数据说明、实验方案、操作流程编排在一起,以文字及图解详细介绍软件操作的具体步骤与方法,内容尽量做到深入浅出。本书共设计了七个综合性实验,学生可以参照实验教程完成每个综合性实验,每个实验可以根据需要给予0.5周或1周时间以综合实习方式来进行。

实验一,空间数据的编辑与处理。本实验以某城区某地块数据更新与建库为例,介绍空间数据坐标变换、坐标校正、数据整合、拓扑关系检查等空间数据编辑功能。

实验二,网络分析。本实验结合GIS相关技术,在实验一的基础上,利用拓扑修正、建立网络数据集、构建最短路径等手段,叠加时间成本等因素,对所给数据进行处理,并根据需求进行最佳路径分析。

实验三,学校选址与道路规划。本实验以学校选址为例,在充分考虑土地利用分类数据、数字高程模型(DEM)数据、已有学校分布和学生娱乐场所配套数据的基础上,介绍学校选址流程,确定适宜性比较好的学校选址区域。然后以选择一条从新选址学校到某目的地的道路为例,介绍采用距离分析中的成本路径进行道路规划方法。

实验四,城市用地适宜性评价。本实验以某区域为例,选取交通便捷性、环境适宜性、城市氛围、地形适宜性4个一级评价因子和7个二级评价因子,综合采用GIS的欧氏距离、重分类、模糊叠加、加权叠加等空间分析方法,阐述城市用地适应性评价工作流程,并制作城市用地适宜性专题图。

实验五,土地整治。本实验根据某流域的数字高程模型数据,提取沟谷线,基于沟谷线计算流域出水口位置数据及各子流域的范围。然后该实验按照土地整治要求,利用GIS水文分析、区域统计工具,求出该流域需要开展土地整治各类土地的面积。最后本实验进行土地整治计算并绘制专题地图。

实验六,流域综合治理。本实验以某流域为例,介绍小流域综合治理规划过程。利用等高线数据生成数字高程模型，在数字高程模型数据基础上提取水文要素、河网、流域范围数据，再采用 ArcGIS 软件的水文分析工具进行流域划分与统计分析，得到流域综合治理专题图。

实验七，城市三维建模与分析。本实验通过城区三维建模，初步认识城市三维建模、三维空间形态分析方法。

由于笔者水平有限，书中难免有欠缺之处，还需要笔者在教学和科研实践中，不断地充实和完善本书。不足之处，敬请读者批评指正。

本书得到东华理工大学重点教材出版基金、测绘工程国家级一流本科专业建设点和地理信息科学江西省级一流本科专业建设点的资助，在此表示感谢。

目 录

实验一 空间数据的编辑与处理 …… 1

实验二 网络分析 …… 13

实验三 学校选址与道路规划 …… 24

实验四 城市用地适宜性评价 …… 42

实验五 土地整治 …… 65

实验六 流域综合治理 …… 80

实验七 城市三维建模与分析 …… 96

实验一　空间数据的编辑与处理

由于空间数据在采集过程中不可避免地存在错误或误差，从而造成空间数据在几何位置、拓扑关系及逻辑上存在错误和误差。不同时期、不同数据采集方法所采集到的空间数据可能会存在整体坐标移位、数据存储格式不一致、没有构建拓扑关系等问题，需要对数据进行坐标变换、拓扑关系检查与编辑处理。因此在空间数据入库前应对空间数据的这些错误和误差进行编辑与处理、空间坐标校正、拓扑检查与修正等。本实验以某城区某地块数据更新与建库为例，介绍空间数据坐标变换、坐标校正、数据整合、拓扑关系检查，以道路网为例构建具有拓扑关系的道路网。

1.1　实验内容及目的

1.1.1　实验内容

某市近期对地块内建筑物数据进行采集更新，但在采集过程中，数据出现了偏移，为保证数据能够正确使用，需要对采集的数据进行编辑处理，同时构建具有拓扑关系的道路网。

(1)将 CAD 数据中的"新地块"和"新建筑物"转为 shapefile 数据格式，使之能够供工作人员编辑使用。

(2)已知该 CAD 数据记录的是"osm_id＝126 262 894"的地块建筑数据，请将上述 shapefile 数据图层更新至正确位置。

(3)将新采集的图层数据更新到相应的要素图层中。

(4)试查找坐标点(－15 166 767.657，6 601 514.062)所在的建筑物"osm_id"值，该点的坐标系为"WGS_1984_PDC_Mercator"。

(5)对道路要素类，使用拓扑工具条创建拓扑规则(不能有悬挂点，不能有伪结点，不能相交)，并对拓扑错误进行修正。

1.1.2　实验目的

(1)掌握 CAD 数据转换成 shapefile 数据格式的方法。

(2)掌握空间数据误差校正方法。

(3)掌握空间数据投影变换方法。

(4)掌握拓扑检查及拓扑修正的方法。

1.2　数据说明

数据存储目录为 D:\Data，详细数据说明如表 1.1 所示。

表 1.1 数据说明

路径	文件名称	格式	说明
\Data	新采集数据	.dwg	某个地块内建筑更新后的 CAD 数据
\Data	地块	shapefile	存储现有地块数据
\Data	道路	shapefile	存储现有道路数据
\Data	范围	shapefile	存储现有城市范围数据
\Data	建筑物	shapefile	存储现有建筑物数据

1.3 实验方案

首先进行环境设置，将已知数据 CAD 文件进行格式修改并导入 ArcGIS 软件中。数据导入后，发现与原建筑物数据位置不一致，需要进行空间校正，再进行联合操作。通过坐标变换，使联合后的建筑物坐标系与查找点的坐标系相同，从而找出指定坐标点所在地块位置。最后对道路进行拓扑检查和修正。数据处理流程如图 1.1 所示。

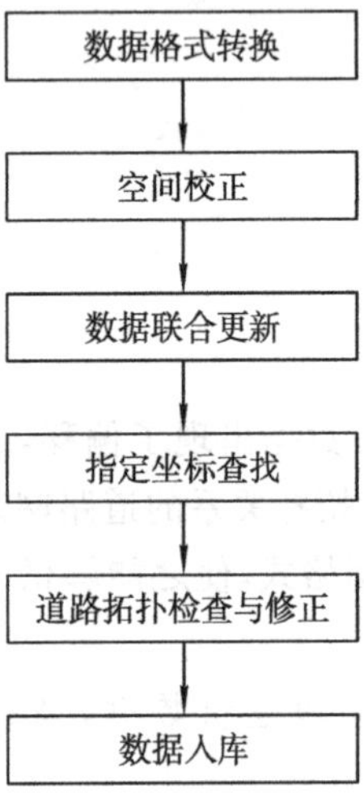

图 1.1 数据处理流程

(1)数据格式转换：由于新建建筑物为 CAD 格式，需转成 shapefile 格式才能进行数据处理。

(2)空间校正：转换数据格式后，需利用空间校正工具使新建建筑物位置与原地块位置一致。

(3)数据联合更新：利用联合工具将新建建筑物图层更新到原建筑物图层。

(4)指定坐标查找：先通过投影转换使坐标点的坐标系与地块图层的坐标系一致，然后利用坐标查询工具查找坐标点位置。

(5)道路拓扑检查与修正：利用拓扑工具对道路数据进行拓扑检查与修正。

(6)数据入库：新建文件地理数据库，将所需数据导入数据库中。

1.4 操作流程

1.4.1 环境设置

在 D 盘新建文件夹“Result”，在“Result”文件夹中新建地理数据库，用于放置结果数据。启动 ArcMap，在目录中连接“Result”文件夹。

加载所需数据后，在菜单栏中点击【地理处理】→【环境设置】，打开“环境设置”窗口，设置“当前工作空间”为“D:\Data”及“临时工作空间”为“D:\Result”，点击【确定】，完成环境设置(图 1.2)。

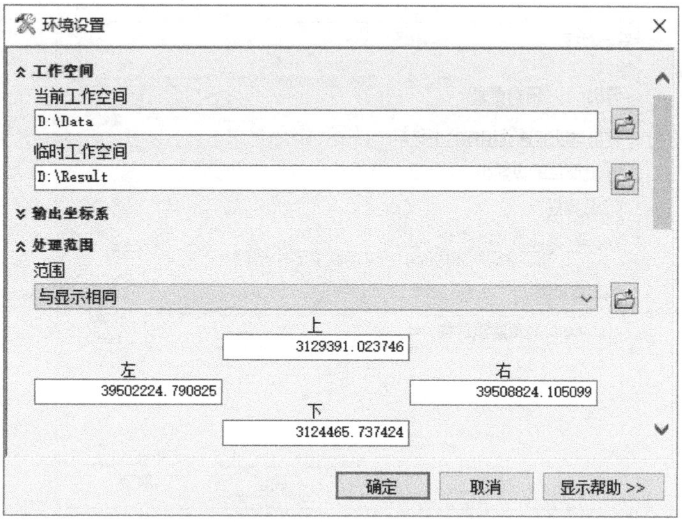

图 1.2　环境设置

1.4.2　数据转换

加载新建建筑物 CAD 数据，右键点击【新建建筑物_ExportCAD. DWG Polygon】，点击【数据】→【导出数据】(图 1.3)，打开“导出数据”窗口，确定输出路径及名称，保存为 shapefile 数据格式(图 1.4)，得到“新建建筑物. shp”数据。

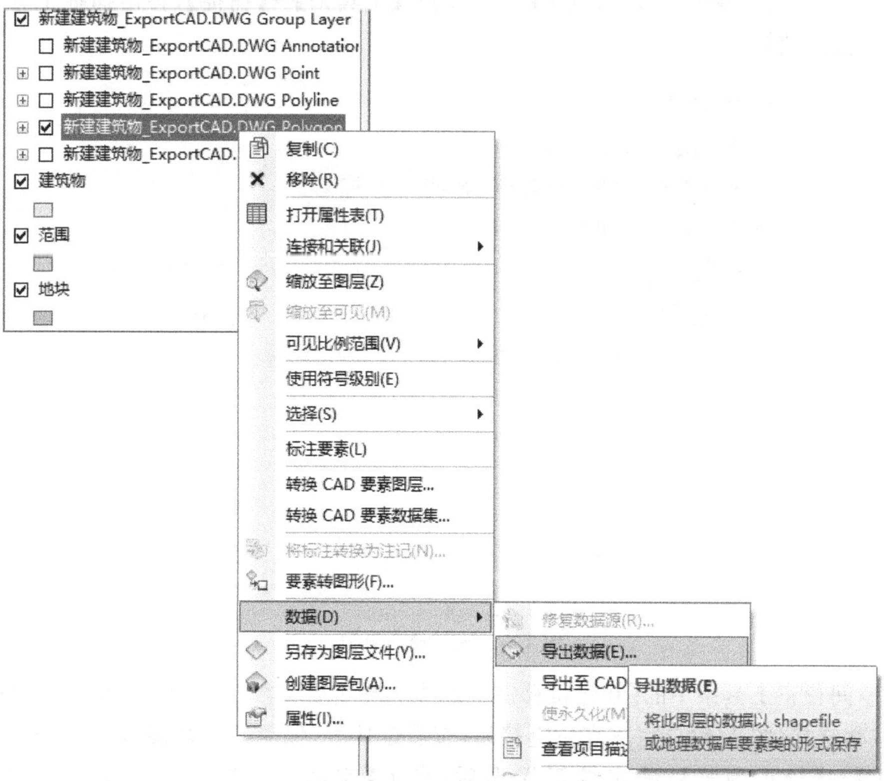

图 1.3　导出数据操作

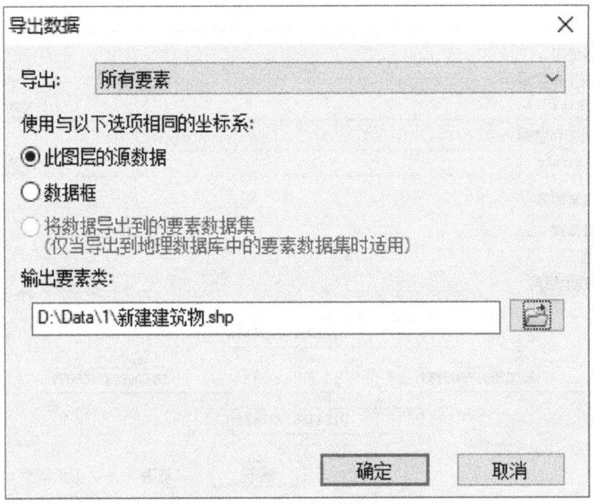

图 1.4　导出数据窗口

1.4.3　空间校正和数据更新

(1)空间校正:点击编辑器工具条中的【编辑器】→【开始编辑】,选择新建建筑物图层进行编辑;点击【自定义】→【工具条】→【空间校正】,打开空间校正工具条,点击【空间校正】→【设置校正数据】,选择要校正的数据为“新建建筑物”数据(图 1.5);点击【校正方法】→【变换-仿射】,设置校正方法为“变换-仿射”;点击【自定义】→【工具条】→【捕捉】,弹出捕捉工具条,打开端点捕捉与折点捕捉。

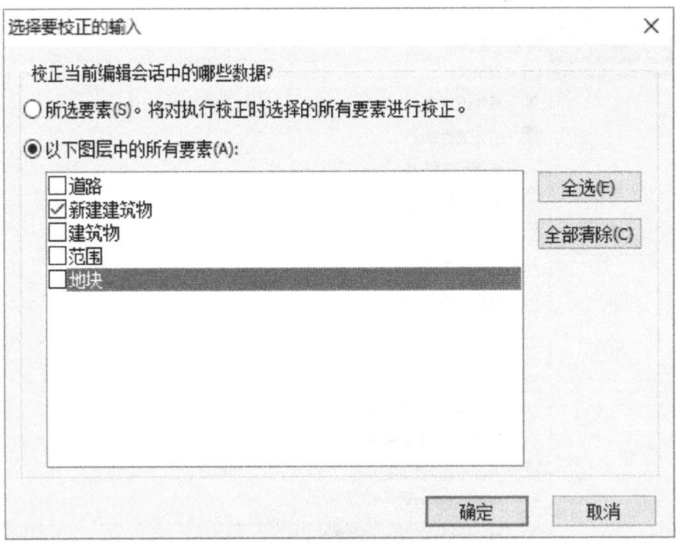

图 1.5　选择校正数据

点击空间校正工具条中的【新建位移链接】,先选择需要被校正点,然后选择正确图层上的点,建立位移链接(图 1.6)。完成点位链接后,查看链接表,保证残差在误差内(图 1.7)。点击【空间校正】→【校正预览】,确定校正无误后,点击【空间校正】→【校正】,完成空间校正(图 1.8)。

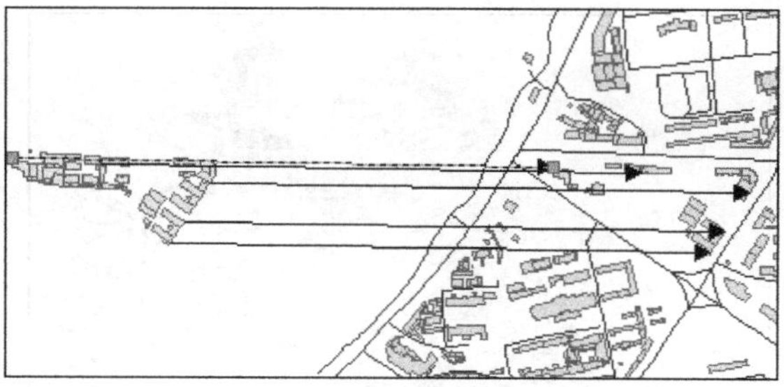

图 1.6　建立位移链接

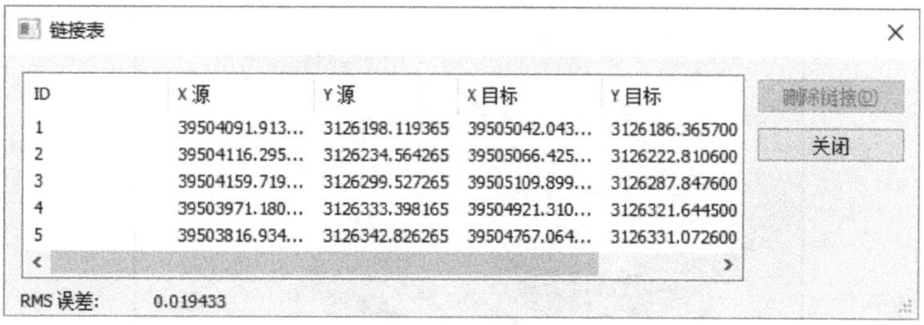

图 1.7　链接查看

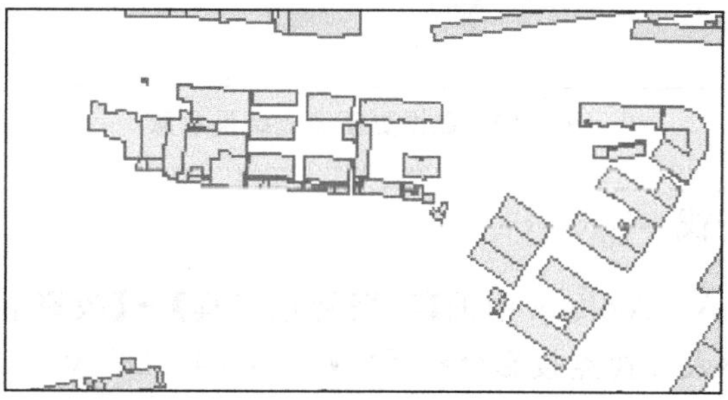

图 1.8　完成空间校正结果

(2)数据更新:点击 ArcToolbox 中的【分析工具】→【叠加分析】→【联合】,打开“联合”窗口,输入新建建筑物与建筑物数据,确定输出路径及名称(图 1.9),点击【确定】,完成数据联合(图 1.10)。

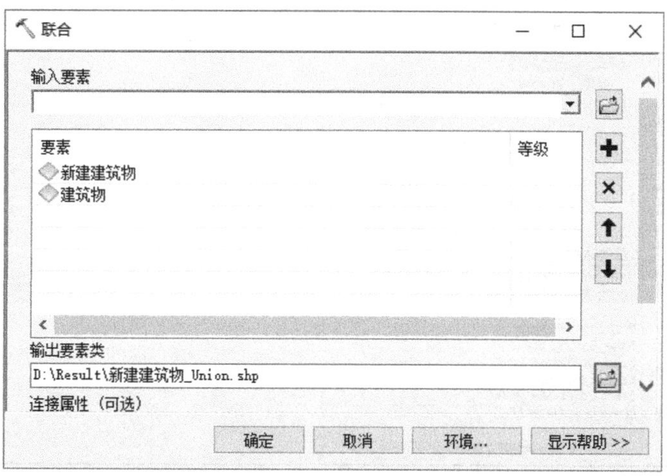

图 1.9　联合操作

图 1.10 数据更新完成结果示意

1.4.4 坐标点查找

(1)变换投影:点击 ArcToolbox 中的【数据管理工具】→【投影和变换】→【要素】→【投影】,输入"地块"数据,导入查找点投影坐标系"WGS 1984 PDC Mercator"(图 1.11),确定输出路径及名称(图 1.12),点击【确定】,完成投影。

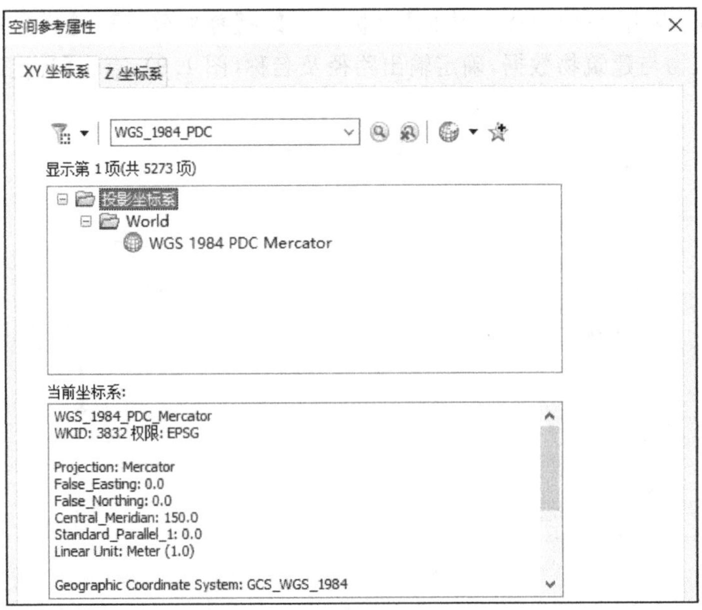

图 1.11 导入查找点坐标系

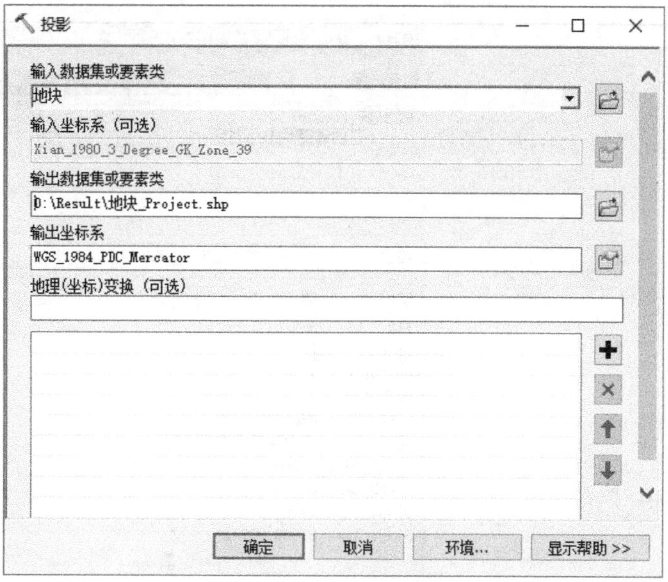

图 1.12　投影操作

(2)查找坐标点:重新打开一个空白地图,加载"地块_Project.shp"文件,点击 Tools 工具条中的【转到 XY】,打开"转到 XY"窗口,输入查找点坐标,将该点显示在地图中(图 1.13)。点击 ArcToolbox 中的【识别】,点击该点,查看其属性信息(图 1.14),确定该点位于"OBJECTED_1=10"的地块上。

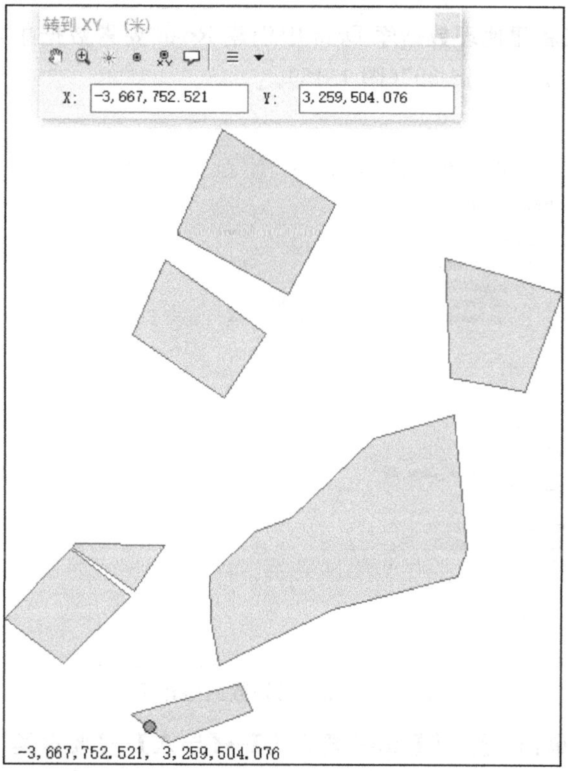

图 1.13　显示查找点位置

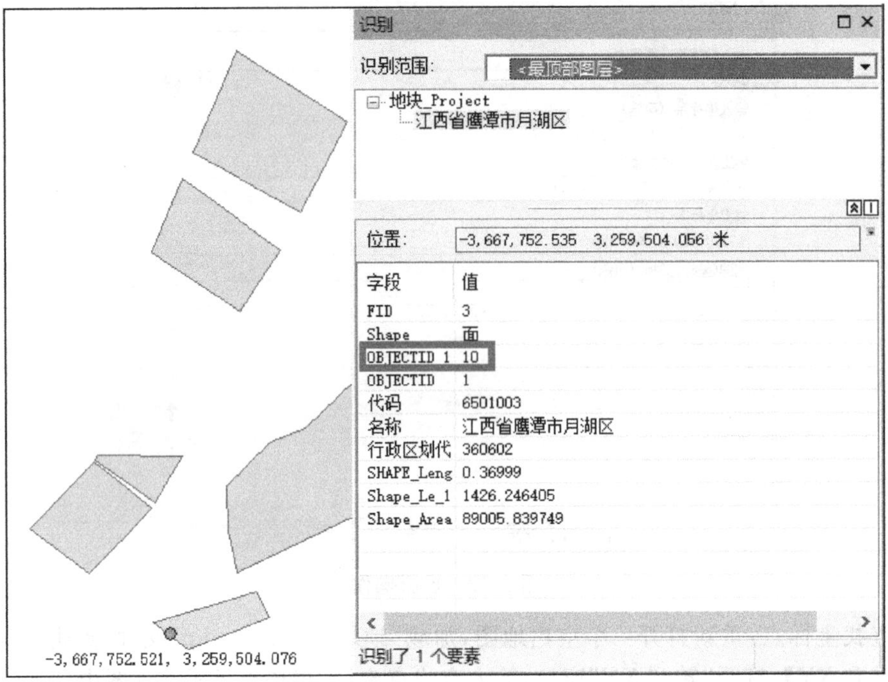

图 1.14 识别点属性

1.4.5 道路拓扑检查与修正

(1)新建要素集:在新建地理数据库 Data 中创建 Road 要素数据集,导入已知数据坐标系“Xian_1980_3_Degree_GK_Zone_39”(图 1.15)。

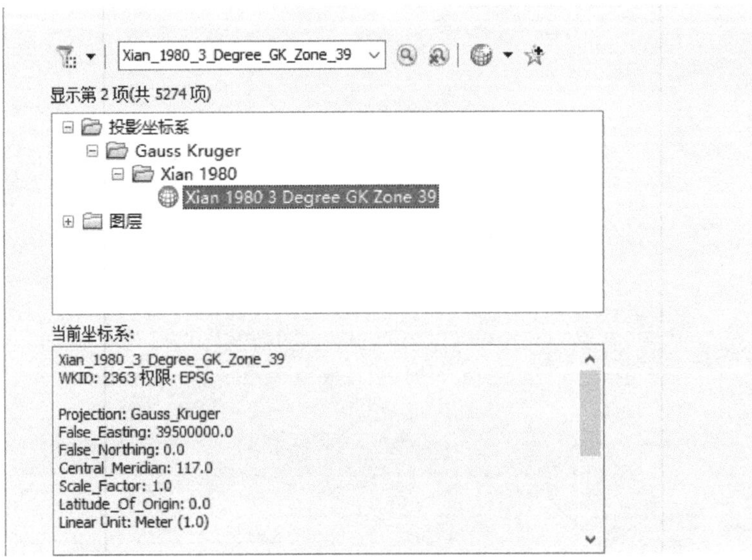

图 1.15 导入已知数据坐标系

(2)要素类至要素集:右键点击【Road 要素集】→【导入】→【要素类(单个)】,打开“要素类至要素类”窗口,输入“道路”要素,确定输出路径及名称(图 1.16),点击【确定】,完成数据。

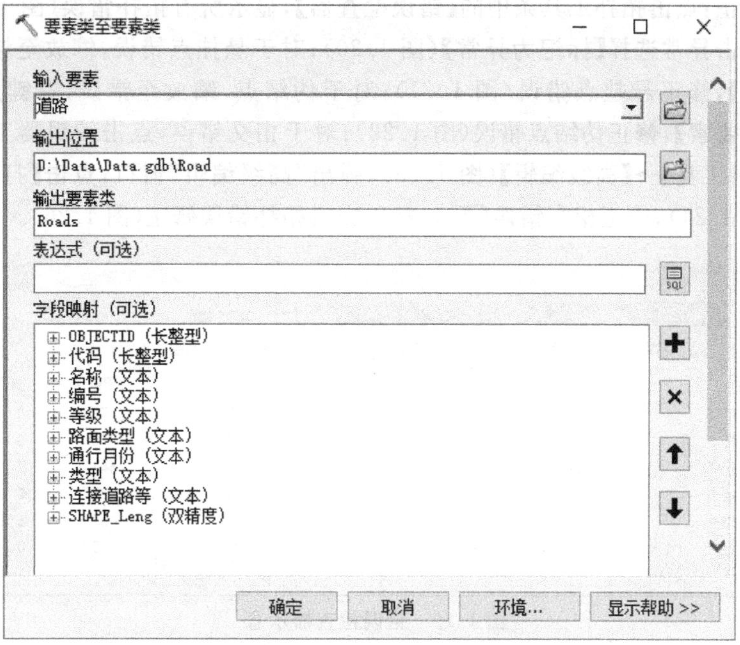

图 1.16　导入要素类至要素类

(3)新建拓扑规则：右键点击菜单栏空白处，点击【拓扑】，打开拓扑工具条；右键点击【Road 要素集】→【新建】→【拓扑】，弹出“新建拓扑”向导，新建名为“Road_Topology”的拓扑，规则选择“不能有悬挂点”“不能有伪结点”“不能相交”(图 1.17)，完成拓扑建立；立即验证拓扑并加载拓扑图层(图 1.18)。

图 1.17　新建拓扑参数

图 1.18　拓扑验证示意

(4)拓扑修正:点击拓扑工具条中的【错误检查器】,显示所有拓扑错误(图 1.19)。对于异常错误,右键点击异常选择【标记为异常】(图 1.20);对于悬挂点错误,缩放至错误,右键点击【错误】→【延伸】,修正悬挂点错误(图 1.21);对于伪结点,缩放至错误,右键点击【错误】→【合并至最长的要素】,修正伪结点错误(图 1.22);对于相交错误,点击编辑器工具条中【编辑器】→【更多编辑工具】→【高级编辑】(图 1.23),弹出"高级编辑"窗口,点击【打断相交线】,输入拓扑容差(图 1.24),修正相交错误(图 1.25),完成拓扑错误修正(图 1.26)。

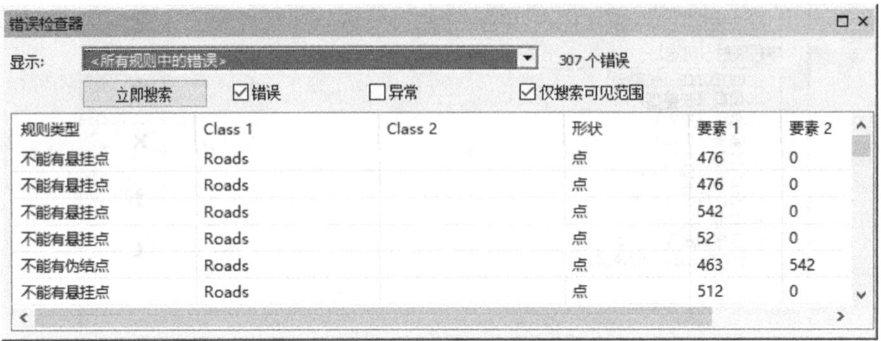

图 1.19　错误检查器示意

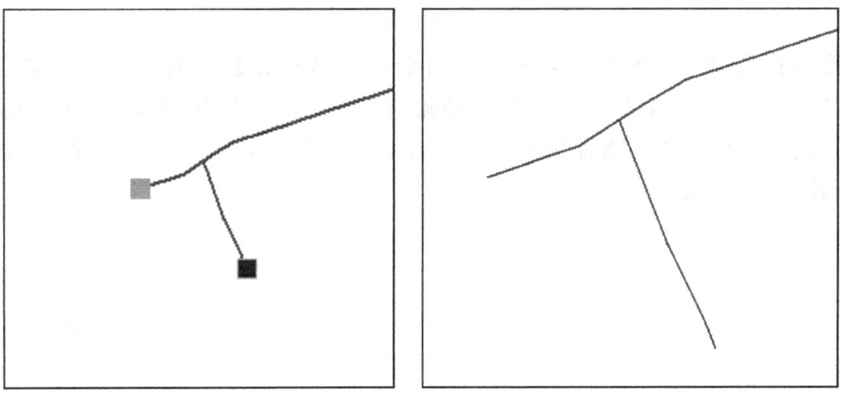

(a) 修正前　　(b) 修正后

图 1.20　异常修复前后示意

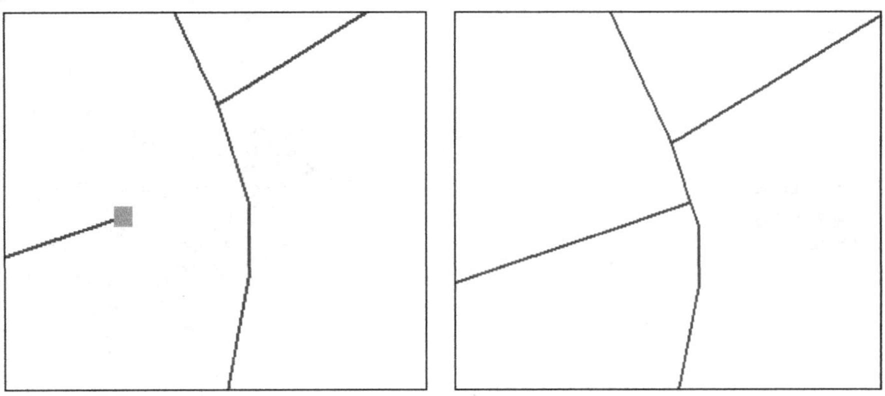

(a) 修正前　　(b) 修正后

图 1.21　修正悬挂点错误示意

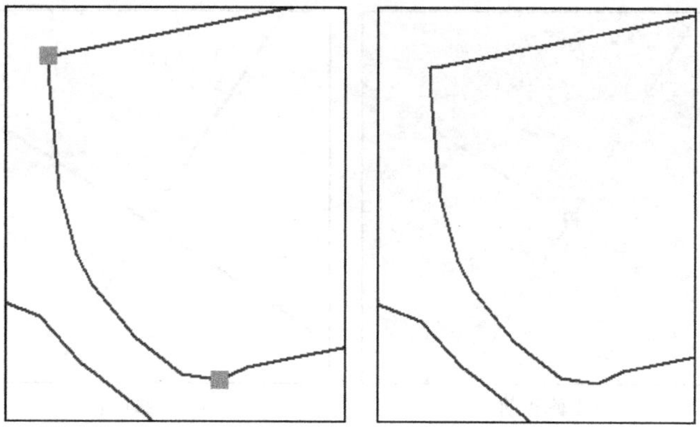

（a）修正前　　（b）修正后

图 1.22　修正伪结点示意

图 1.23　高级编辑工具操作

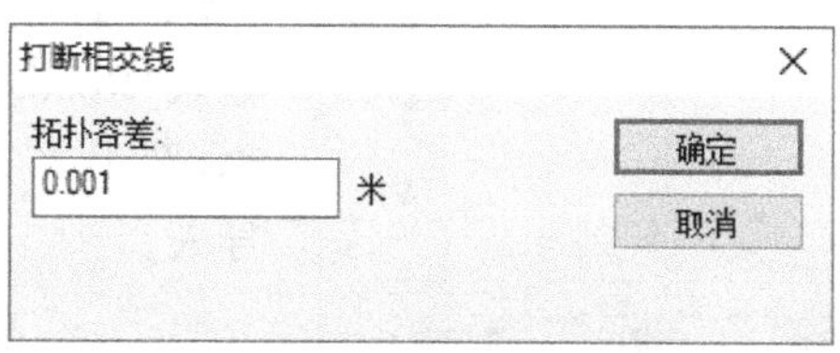

图 1.24　打断相交线操作

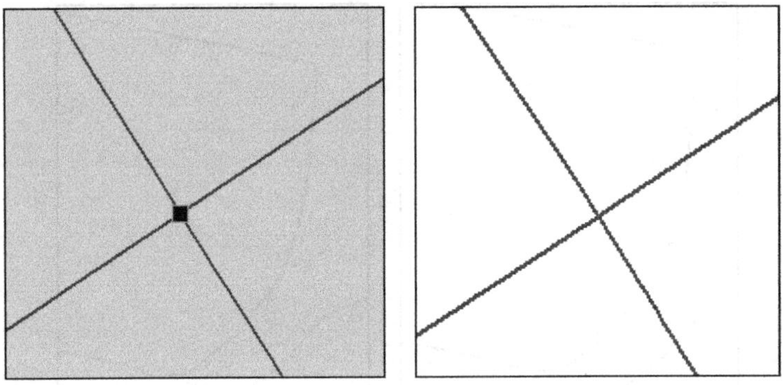

(a) 修正前　　　　(b) 修正后

图 1.25　修正相交错误

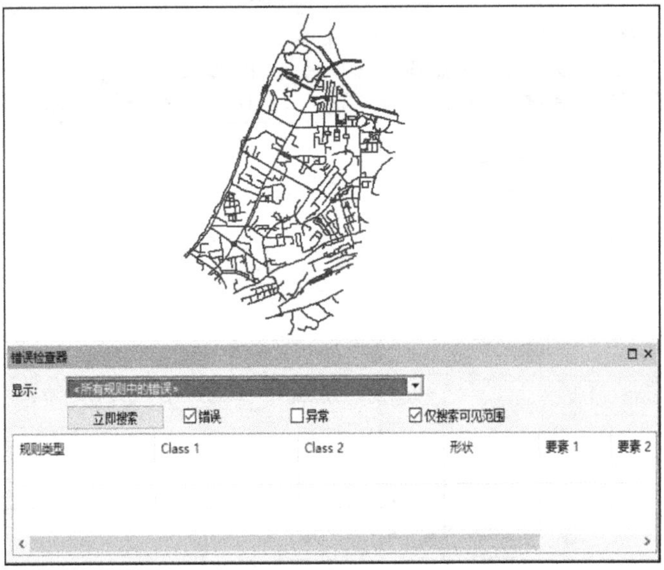

图 1.26　完成拓扑错误修正

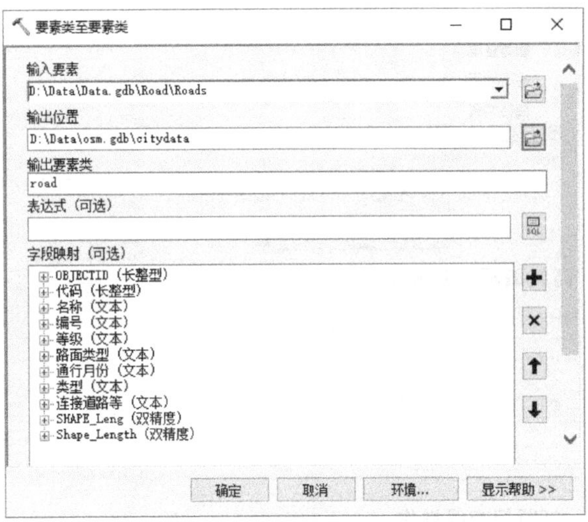

图 1.27　要素类至要素类操作

1.4.6　数据入库

(1)新建文件地理数据库:右键点击文件夹,点击【新建】→【文件地理数据库】,并命名为“osm”。

(2)要素类至要素类:右键点击osm. gdb,点击【导入】→【要素类(多个)】,打开“要素类至要素类”窗口,输入“Roads”要素,确定输出路径及名称(图 1.27),点击【确定】,完成数据导入。

实验二　网络分析

网络的例子在现实生活中应用比较广泛，例如道路网、电力网、地下管网、物流网等。网络分析是网络的连通性加成本(消耗)分析问题。例如，道路网连通性是指两个定位点(如城市)之间是否有道路直接或间接连通；而成本的概念比较广泛，是指网络上某路径上的开销，它可以是路径长度、车辆运行时间、过路过桥费等。

2.1　实验内容及目的

2.1.1　实验内容

本实验结合 GIS 相关技术，在实验一的基础上，利用拓扑修正、建立网络数据集、构建最短路径等方法，叠加时间成本等因素，对所给数据进行处理，并根据需求进行最佳路径分析。

(1)将 osm_buildings_new. shp、osm_landuse_new. shp、osm_roads_new. shp 的数据进行空间纠正，使其处于图中正确的位置。

(2)将 osm_buildings_new. shp、osm_landuse_new. shp、osm_roads_new. shp 更新到 osm_buildings. shp、osm_landuse. shp、osm_roads. shp 数据中。

(3)对更新后的数据进行检查，并对检查出的错误进行统计，最后处理错误，创建以 osm 命名的数据库，并进行数据入库。

(4)假设行驶的速度为 3m/s，以 osm_roads. shp 为基础数据，建立包含距离成本和时间成本的网络数据集。

(5)计算从“objectid＝9150”的建筑物到“objectid＝16015”的建筑物的最短路径。

2.1.2　实验目的

(1)掌握空间校正方法和数据更新方法。

(2)掌握数据库和要素类的建立方式。

(3)掌握创建网络数据集的方法。

(4)掌握在网络数据集中构建最短路径的方法。

2.2　数据说明

数据存放目录为 D:\Data，数据内容如表 2.1 所示。

表 2.1　数据内容及说明

路径	文件名称	坐标系	格式	说明
\Data. mdb	osm_landuse	GCS_Xian_1980	shapefile	土地利用数据
\Data. mdb	osm_buildings	Xian_1980_3_Degree_GK_Zone_39	shapefile	建筑物数据
\Data. mdb	osm_roads	Xian_1980_3_Degree_GK_Zone_39	shapefile	道路数据

续表

路径	文件名称	坐标系	格式	说明
\Data.mdb	osm_landuse_new	GCS_Xian_1980	shapefile	新建住宅小区数据
\Data.mdb	osm_buildings_new	Xian_1980_3_Degree_GK_Zone_39	shapefile	新建小区建筑物数据
\Data.mdb	osm_roads_new	Xian_1980_3_Degree_GK_Zone_39	shapefile	新建小区道路数据

2.3 实验方案

首先修正错误地块位置，将修正后的数据更新到原数据中，对更新后的数据进行拓扑检查，修正拓扑错误，然后对数据进行入库并构建网络数据集，求出距离成本及时间成本，从而求出指定坐标的最短路径，操作流程如图 2.1 所示。

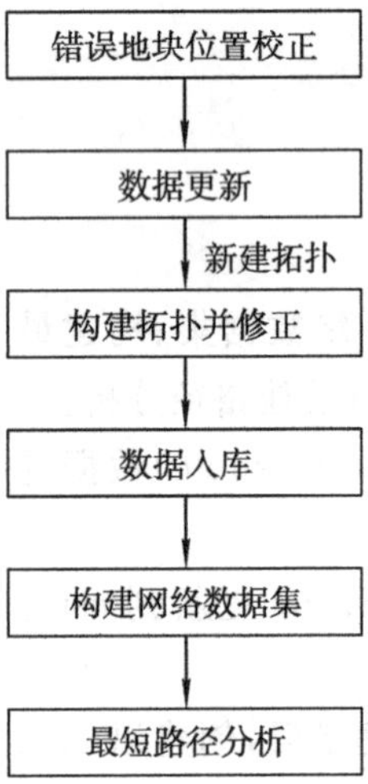

图 2.1 操作流程

(1)对土地利用、建筑物、道路数据进行空间校正：利用现有图层对新建的住宅小区等数据进行空间校正。

(2)更新到原数据：通过联合工具将新建的住宅小区等数据更新到原有数据中。

(3)数据拓扑检查与修复：根据实验要求选择拓扑规则，对道路数据进行拓扑构建并进行验证，对存在的错误进行修正。

(4)数据入库：建立 osm 数据库，将修改后的数据导入数据库中。

(5)最短路径分析：建立新建住宅小区的道路网络数据集，设置距离与时间成本，求从“objectid＝9150”的建筑物到“objectid＝16015”的建筑物的最短路径。

2.4 操作流程

2.4.1 实验准备

(1)链接文件夹，在 ArcMap 中打开目录，点击【连接到文件夹】，将数据加载到 ArcMap 目录中，如图 2.2 所示。

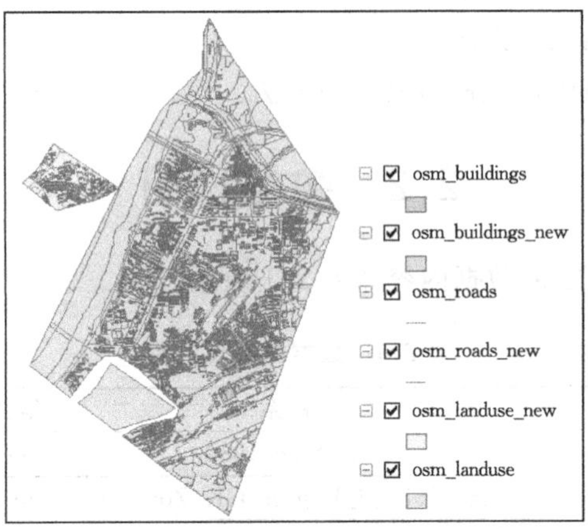

图 2.2 加载数据

(2)环境设置，在 ArcMap 主菜单中点击【地理处理】→【环境设置】，将当前工作空间和临时工作空间设置为如图 2.3 所示。

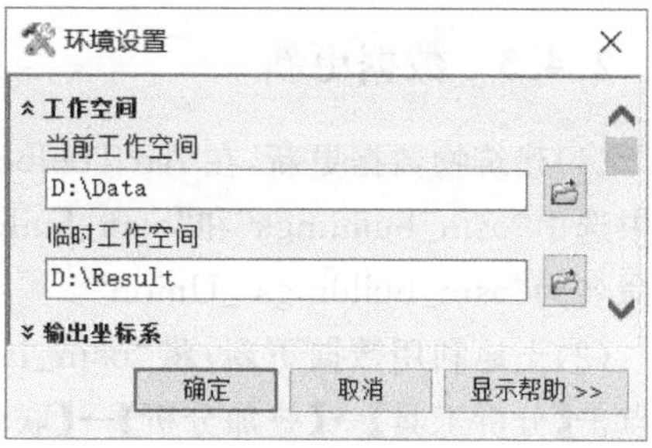

图 2.3　环境设置

2.4.2　空间校正

(1)对“osm_landuse_new”数据进行空间校正，使之更新为正确地理位置的数据。在 ArcMap 菜单栏点击右键，选择空间校正，启动编辑器，下拉【空间校正】→【选择要校正的输入】，对需要进行空间校正的数据进行设置，分别勾选“osm_roads_new”“osm_landuse_new”“osm_buildings_new”，如图 2.4 所示。

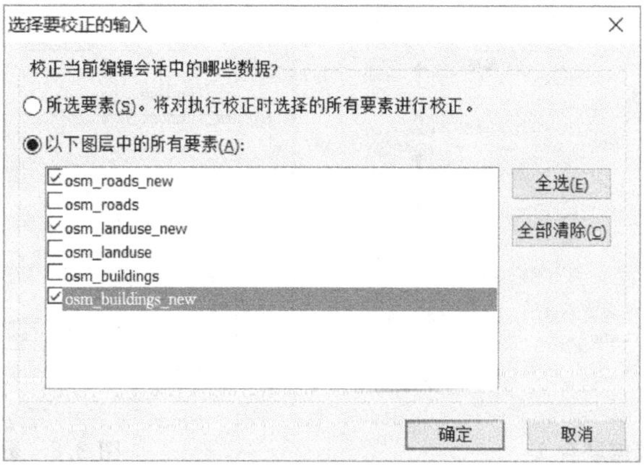

图 2.4　设置校正数据

(2)选择新建位移链接工具，先选择需校正数据上的一点，再选择正确数据上相同位置上的相同一点(为提高精度可以多选择几个折点)，如图 2.5 所示。下拉【空间校正】→【校正】，则可以看到数据移动到了正确位置，此时点击【编辑器】→【停止编辑】并保存数据，校正结果如图 2.6 所示。

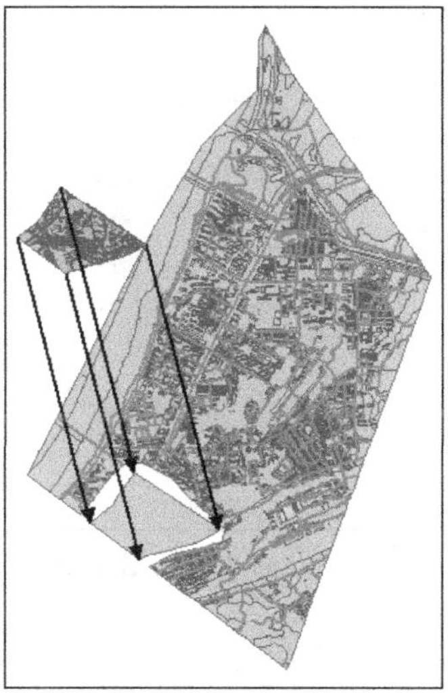
图 2.5　空间校正选点

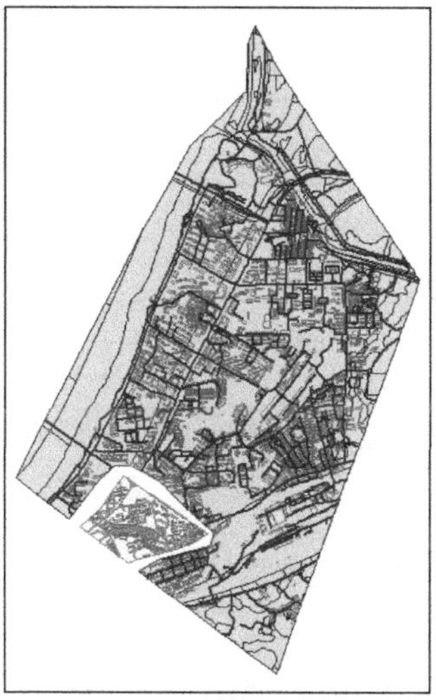
图 2.6　空间校正结果

2.4.3　数据更新

(1)建筑物数据更新：在 ArcToolbox 中点击【分析工具】→【叠加分析】→【联合】，在输入框中选中“osm_buildings”和“osm_buildings_new”两个图层(图 2.7)，对建筑物数据进行更新并命名为“osm_buildings _Union”。

(2)土地利用数据更新：将“osm_landuse_new”更新到“osm_landuse”中，在 ArcToolbox 中点击【分析工具】→【叠加分析】→【联合】，在输入框中选中“osm_ landuse”和“osm_landuse_new”两个图层(图 2.8)，对土地利用数据进行更新并命名为“osm_ landuse _Union”。

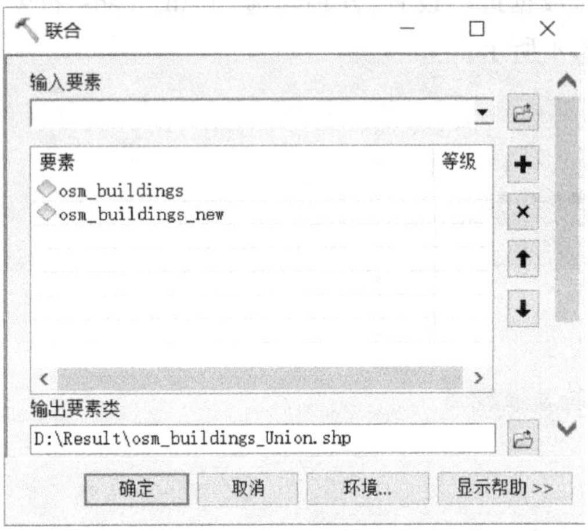

图 2.7　数据联合 1

图 2.8　数据联合 2

(3)道路数据更新：将“osm_roads_new”更新到“osm_roads”中，在 ArcToolbox 中点击【分析工具】→【叠加分析】→【交集取反】，在“输入要素”中输入“osm_roads”，在“更新要素”中输入“osm_roads_new”(图 2.9)，对道路数据进行更新，得到“osm_roads_SymDiff”，数据更新后结果如图 2.10 所示。

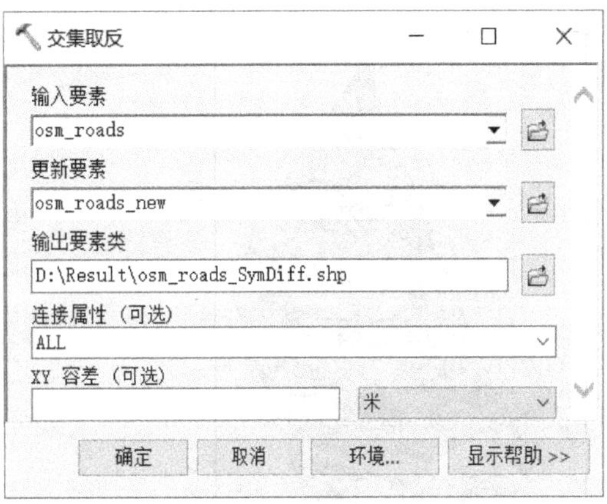

图 2.9　交集取反

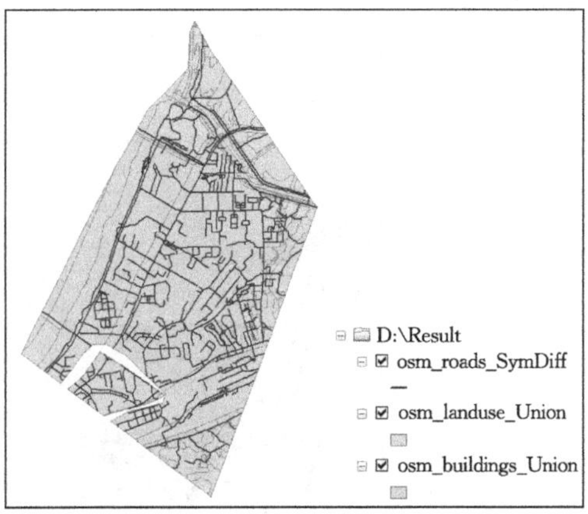

图 2.10　数据更新后结果

2.4.4　构建拓扑

(1)统一坐标系:在 ArcToolbox 中点击【数据管理工具】→【投影与变换】→【要素】→【投影】,输入土地利用联合数据,输入坐标系为“Xian_1980_3_Degree_GK_Zone_39”,确定输出路径及名称(图 2.11),点击【确定】,完成坐标系的统一。

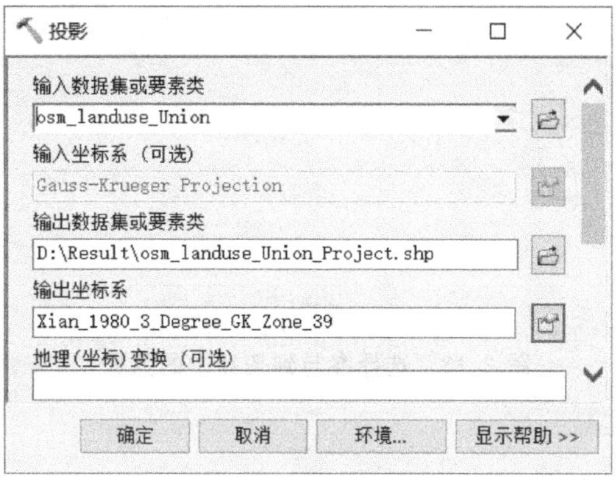

图 2.11　统一坐标系

(2)建立文件地理数据库:在 ArcMap 目录中右键点击 Result 文件夹,点击【新建】→【文件地理数据库】,命名为“osm”。在 osm 数据库下新建要素数据集,命名为“dataset”,选择地理坐标系与 osm_buildings 图层一致的坐标系“Xian_1980_3_Degree_GK_Zone_39”,容差设为默认,点击【下一步】直到【确定】。

(3)右键点击【dataset】要素集,点击【导入】→【批量导入】,在输入框中选择“osm_roads_SymDiff” “osm_landuse_Union_Project”和“osm_buildings_Union”(图 2.12),点击【确定】。

图 2.12　批量导入要素类

(4)创建拓扑关系:右键点击【dataset】数据集,点击【新建拓扑】,选择参与到拓扑中的数据“osm_roads_SymDiff”(图 2.13),根据实验要求设置拓扑规则(图 2.14),即不能有悬挂点、不能有伪结点。

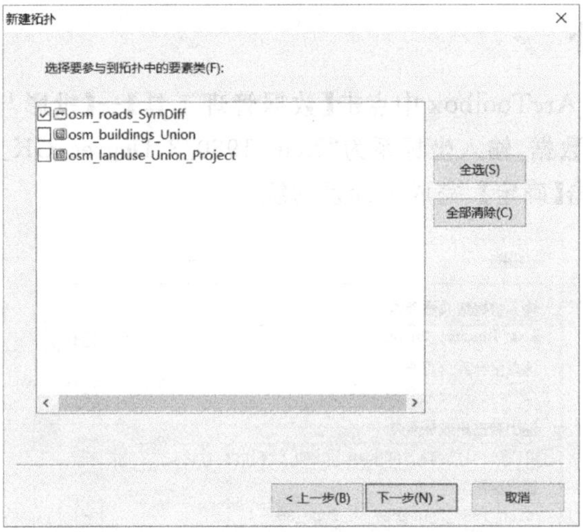

图 2.13 选择参与到拓扑中的数据

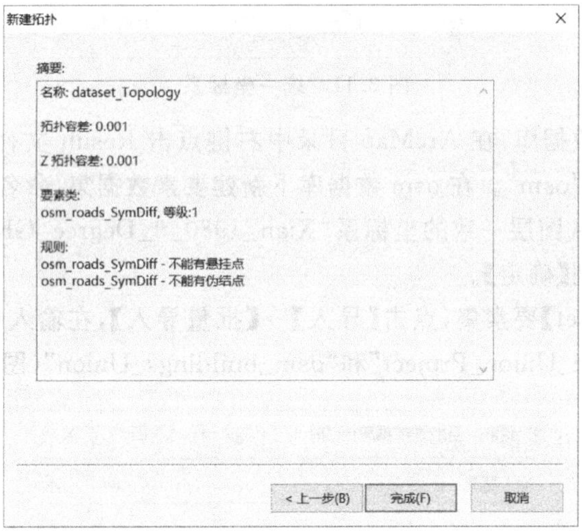

图 2.14 设置拓扑规则

(5)修正拓扑错误：验证拓扑，打开编辑器，在拓扑工具条下的错误检查器下查看错误，所有错误如图 2.15 所示。

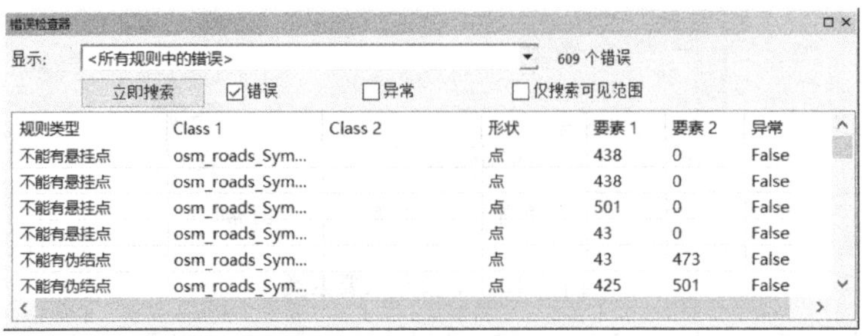

图 2.15 错误检查器

(6)修正悬挂点的拓扑错误：点击【osm_roads_SymDiff-不能有悬挂点】→【立即搜索】(图 2.16)，右键点击错误处，点击【缩放至图层】，观察该处错误是否异常。若异常则标记为异常，右键点击错误处，点击【延伸】或【捕捉】，该处拓扑错误被纠正(图 2.17)，修改完所有错误后点击【编辑】→【保存编辑内容】。

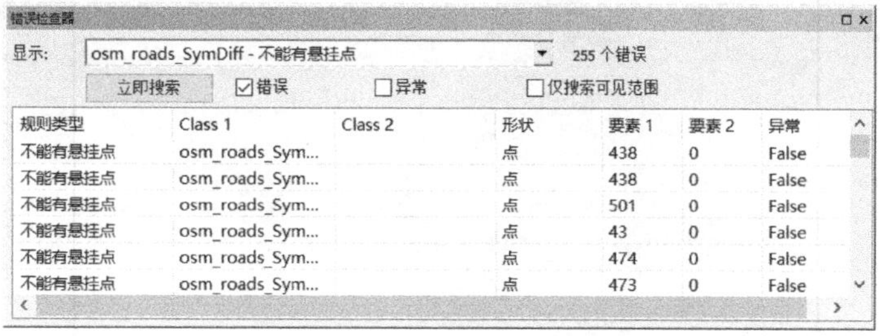

图 2.16　不能有悬挂点设置

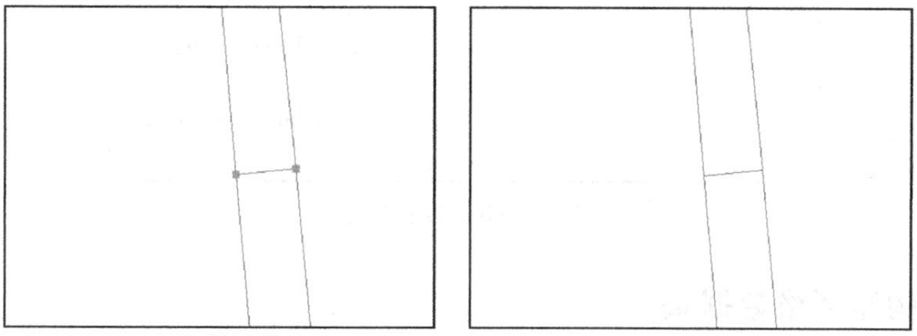

(a) 修改前　　(b) 修改后

图 2.17　悬挂点的错误修改前后示意

(7)修改伪结点的拓扑错误：点击【osm_roads_SymDiff-不能有伪结点】→【搜索全部】(图 2.18)，右键点击错误处，点击【缩放至图层】，观察该处错误是否异常。若异常则标记为异常，右键点击错误处，点击【合并】或者【合并到最长要素】，该处拓扑错误被纠正(图 2.19)，修改完所有错误后点击【编辑】→【停止编辑】→【保存编辑内容】。至此，所有拓扑错误修改完毕(图 2.20)。

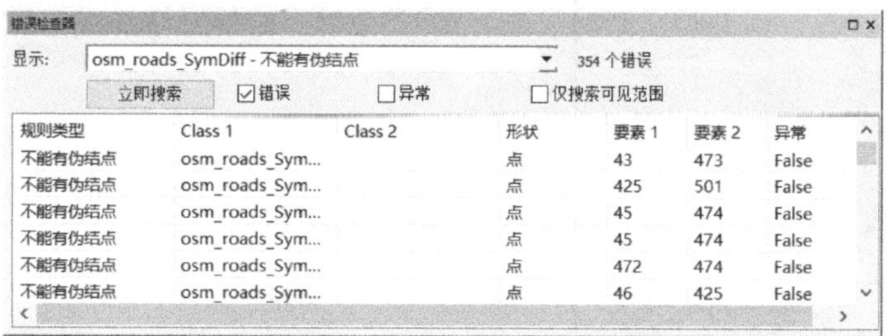

图 2.18　不能有伪结点设置

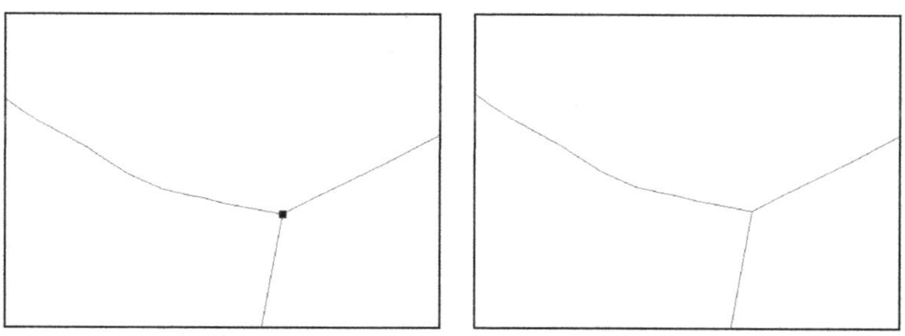

(a) 修改前　　(b) 修改后

图 2.19　伪结点的错误修改前后示意

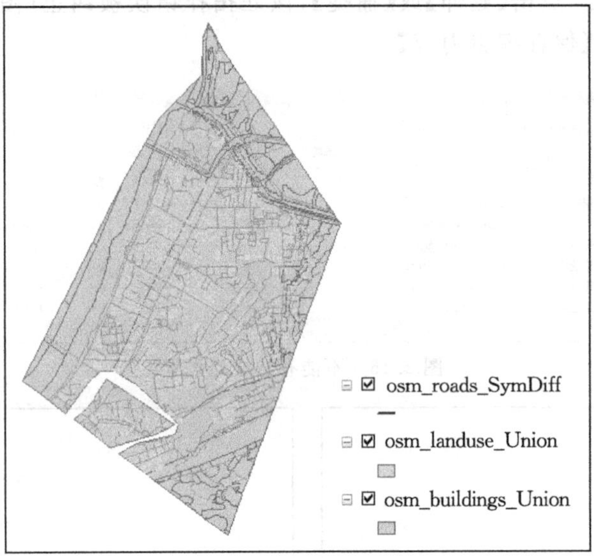

图 2.20 拓扑修正后示意

2.4.5 构建网络数据集

(1)数据准备:在 ArcMap 空白处点击鼠标右键,选择【高级编辑】工具条,启动编辑器,选中所有道路数据,用高级编辑工具下的打断相交线 拆分线要素,得到拆分后的图形,如图 2.21 所示。

(2)创建时间字段:打开 osm_roads_SymDiff 图层的属性表,点击左上角的【表选项】→【添加字段】,将"类型"设置为"双精度"(图 2.22)。

图 2.21 打断相交线之后的道路数据

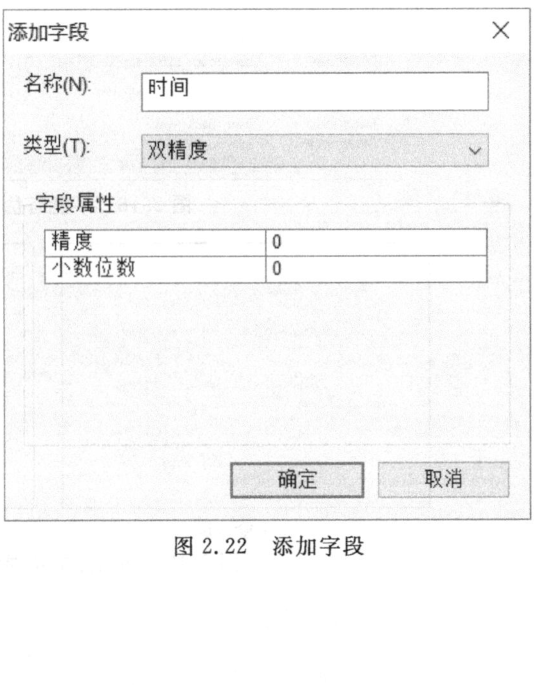

图 2.22 添加字段

(3)计算时间字段值:选中时间字段,右键点击【字段计算器】,根据提供的速度 3 m/s,在输入框中输入“[Shape_Length]/3”(图 2.23),点击【确定】,完成时间字段的计算,结果如图 2.24 所示。

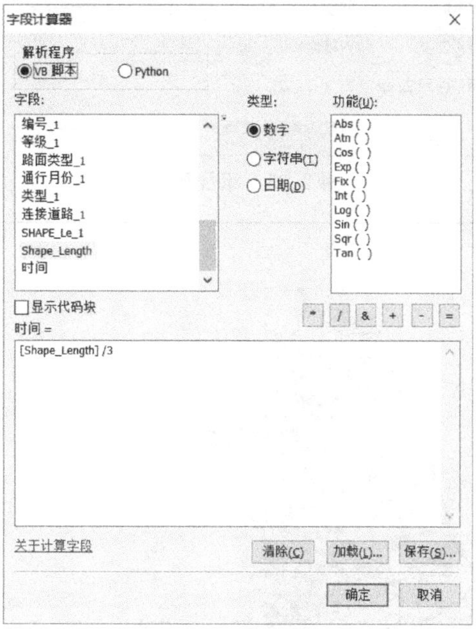

图 2.23　字段赋值

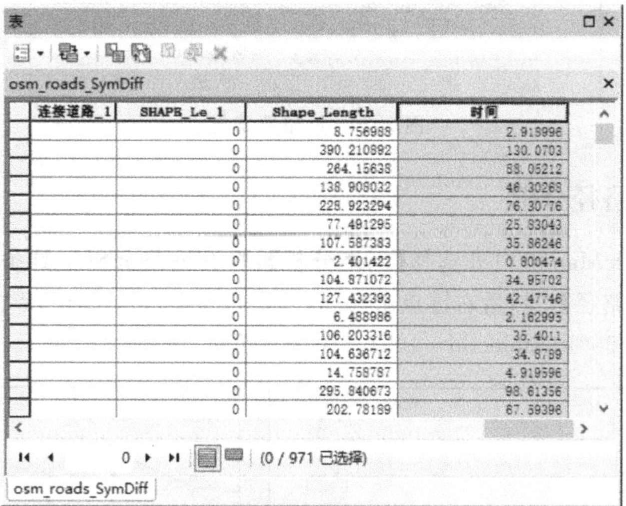

图 2.24　属性表字段添加结果

(4)创建道路网络数据集:在数据集下右键点击【新建网络数据集】,选择构建的要素类“osm_roads_SymDiff”,下一步构建转弯模型,选择“默认选项:是”。没有高程字段,因此无须添加高程建模。

为网络数据集添加一个名为“时间”的属性(图 2.25),点击【确定】,弹出数据框“是否为此网络数据集建立行驶方向设置”,选择“否”,点击【下一步】→【确定】。构建网络数据集并进行验证,加载到地图当中,加载数据如图 2.26 所示。

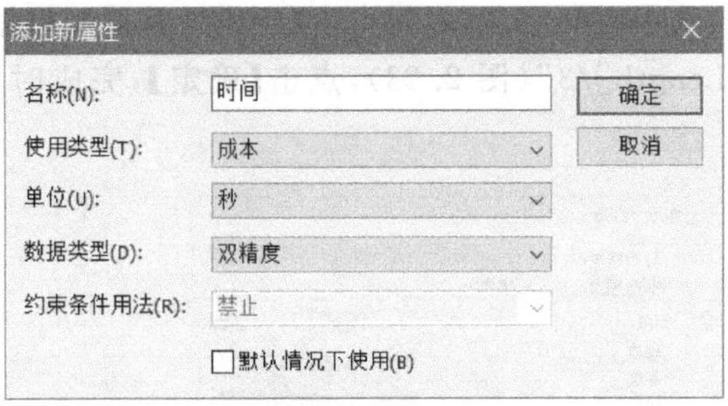

图 2.25　添加属性

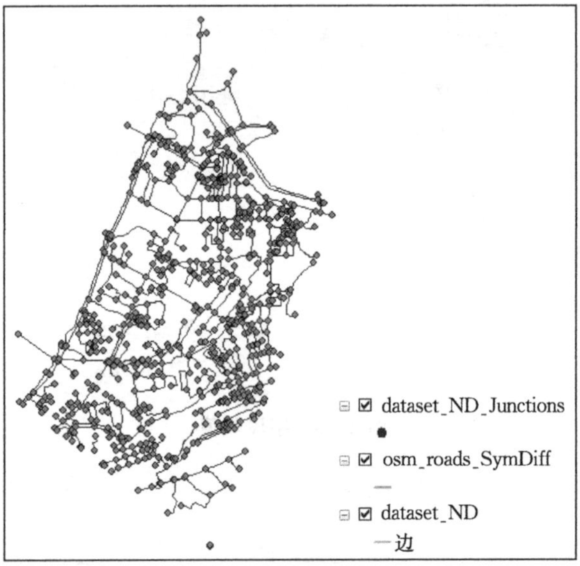

图 2.26　网络数据集

2.4.6　最短路径分析

(1)右键点击 ArcMap 空白处选择【网络分析】,打开网络分析工具条。点击工具条上的【网络分析】→【新建路径】。然后右键点击“osm_building_Union”图层,点击【打开属性表】,分别选中“objectid=9150”和“objectid=16015”两个建筑物,如图 2.27 所示。

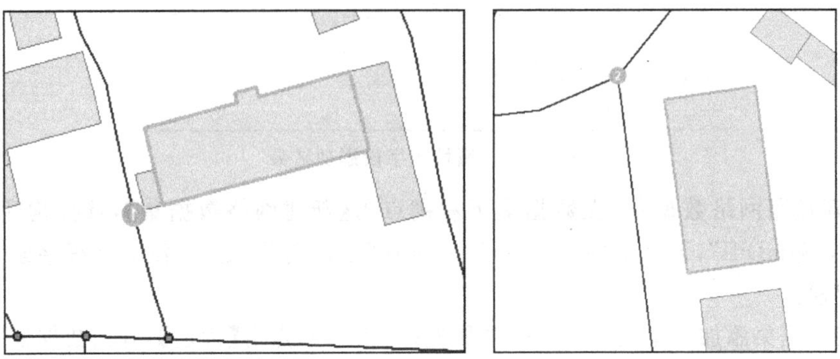

(a) objectid = 9150　　(b) objectid = 16015

图 2.27　选择建筑物

(2)点击网络分析工具条上的【创建网络工具】,在两个建筑物旁的道路上分别点击,然后点击工具条上的【求解】,从而对两个建筑物之间的路径进行最短路径求解,其结果如图 2.28 所示。

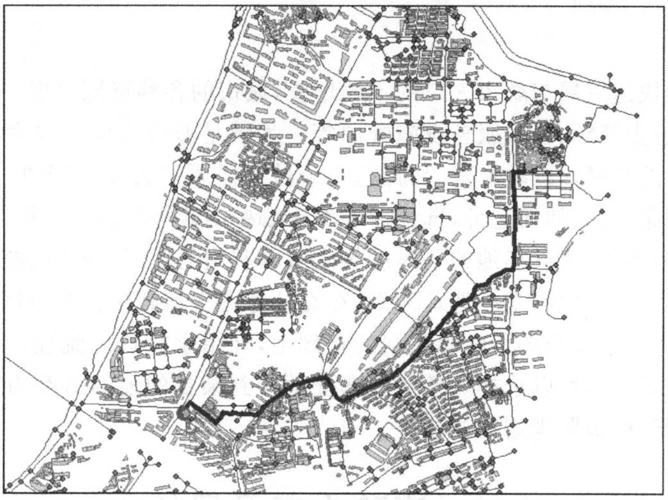

图 2.28　最短路径结果显示

2.4.7　专题图输出

点击菜单栏中的【文件】→【页面和打印设置】,设置合适的宽度和高度。点击菜单栏中【插入】,为地图添加标题、比例尺、指北针、图例和制图时间等必要的地图整饰元素。专题图输出成果如图 2.29 所示。

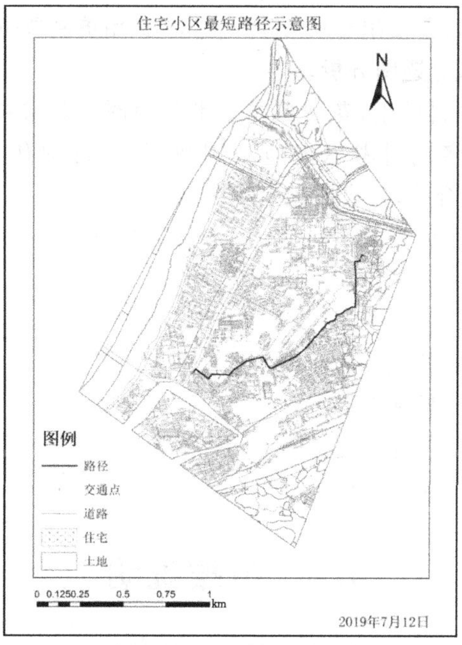

图 2.29　专题图输出成果

实验三　学校选址与道路规划

随着城市化的快速发展与城市人口的不断增长，城市的各种资源出现严重短缺，例如城市的教育资源、医疗卫生资源、公共服务设施资源等。为满足城市人口日常生活的需求，要适当增加各类紧缺资源的数量。以教育资源为例，一个城市需要扩大教育资源，就要新增学校，这就涉及学校选址问题，包括如何选址，选址需要考虑哪些因素等问题。一般来讲应该考虑学校建设成本(土地利用类型、建设场地的平整度等)、可以利用的资源、避开已有的学校、学校服务功能最大化等因素。本实验以学校选址为例，在充分考虑土地利用分类数据、数字高程模型数据、已有学校分布和学生娱乐场所配套数据的基础上，介绍学校选址流程，以确定出适宜性比较好的学校选址区域。然后以选择一条从新选址学校到某目的地的道路为例，介绍采用距离分析中的成本路径进行道路规划的方法。

3.1　实验内容及目的

3.1.1　实验内容

根据给出的学校数据、高程数据、娱乐场所数据和土地利用分类数据进行新学校选址及道路规划。根据以下条件进行新学校选址：①结合现有的土地利用类型考虑，选择合适的土地利用类型(要求成本不高)；②与现有的娱乐设施配套，学校距离娱乐设施越近越好；③避开现有学校，合理分布；④地势平坦；⑤面积要求大于 5 英亩(选用英制单位的目的是让学生学会如何换算)；⑥对新学校适合区做专题图分析。

修建一条从新学校通往目的地，花费成本最低的道路。要求新建路径成本较少、路径较短。新建路径的成本因素将同时考虑土地利用数据、地形起伏度数据和坡度数据，按照 0.3∶0.3∶0.4 的权重进行合并，公式描述为

$$成本=重分类土地利用\times重分类起伏度\times重分类坡度$$

3.1.2　实验目的

(1)掌握欧氏距离和重分类工具的使用。

(2)熟悉对所需图层的选择和提取。

(3)掌握对栅格数据的块统计方法。

(4)掌握成本距离和成本路径的分析。

3.2　数据说明

通过成本距离和成本路径得到学校到目的地的最短路径，利用的数据是某市的高程、土地利用、学校、道路、娱乐设施及目的地等数据。各类数据的具体情况如表 3.1、表 3.2、

表 3.3 所示。

表 3.1　数据说明

路径	文件名称	格式	说明
\Data	destination	shapefile	目的地数据
\Data	rec_sites	shapefile	娱乐设施点数据
\Data	roads	shapefile	道路分布数据
\Data	schools	shapefile	学校点数据
\Data	elevation	.img	高程模型数据
\Data	landuse	.img	土地利用数据

表 3.2　各数据权重

数据层	权重比	数据层	权重比
靠近娱乐场所	50%	地势平坦	13%
远离现有学校	25%	合适的土地利用类型	12%

表 3.3　土地利用分类

土地类型	赋值	土地类型	赋值
灌木丛/过渡带(brush/transitional)	5	农业用地 (agriculture)	8
水域	不选择	森林 (forest)	4
荒地 (barren land)	9	湿地	不选择
建筑区 (built up)	3		

注意：

(1)距娱乐场所越近的比例参数越高。

(2)距现有学校距离越远的比例参数越高。

(3)坡度越小的比例参数越高，并且坡度超过 30°以上的不考虑。

3.3　实验方案

基于高程数据进行表面分析，提取坡度。对娱乐场所数据和学校数据做欧氏距离分析，提取每个栅格与最近源之间的欧氏距离。最后对坡度、娱乐场所、学校欧氏距离和土地利用类型进行重分类，提取出学校选址的四个合适因子，对四个合适因子按权重进行加权叠加分析及面积筛选，最终得到学校选址区域。学校选址流程如图 3.1 所示。

基于高程数据进行地形起伏度计算，对坡度、地形起伏度、土地利用类型进行重分类，基于栅格计算器加权叠加计算成本费用，提取成本距离和成本路径。道路规划流程如图 3.2 所示。

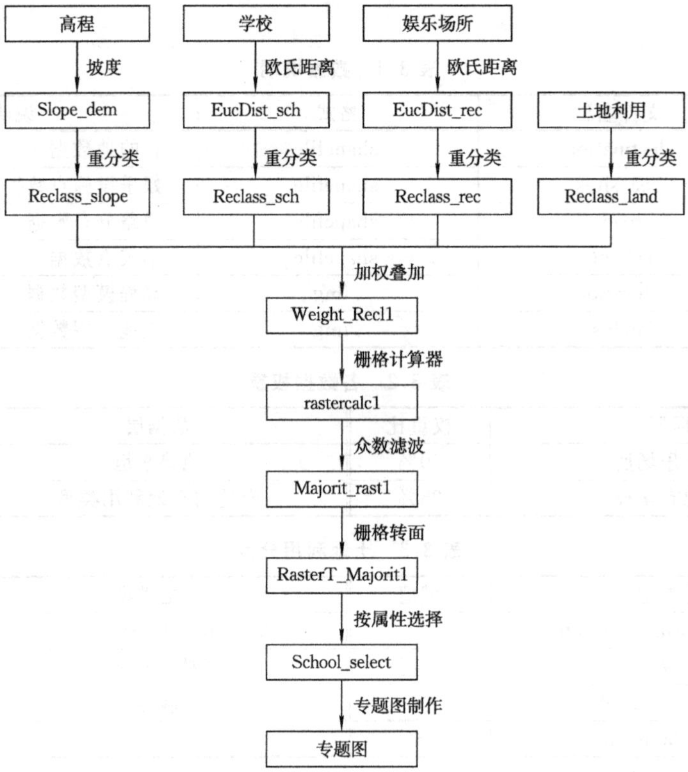

图 3.1 学校选址流程

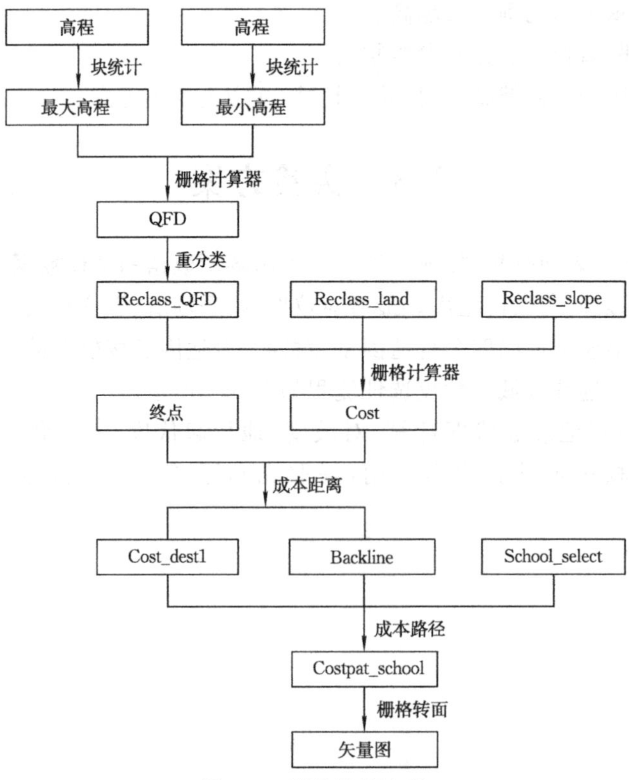

图 3.2 道路规划流程

3.4　操作流程

3.4.1　环境设置

在 ArcMap 主菜单中点击【地理处理】→【环境设置】。设置好工作空间，输出坐标系的设置与土地利用类型(landuse)一致，处理范围的设置与土地利用类型(landuse)一致，空间分析栅格像元大小与高程数据(elevation)一致，环境设置如图 3.3 所示。

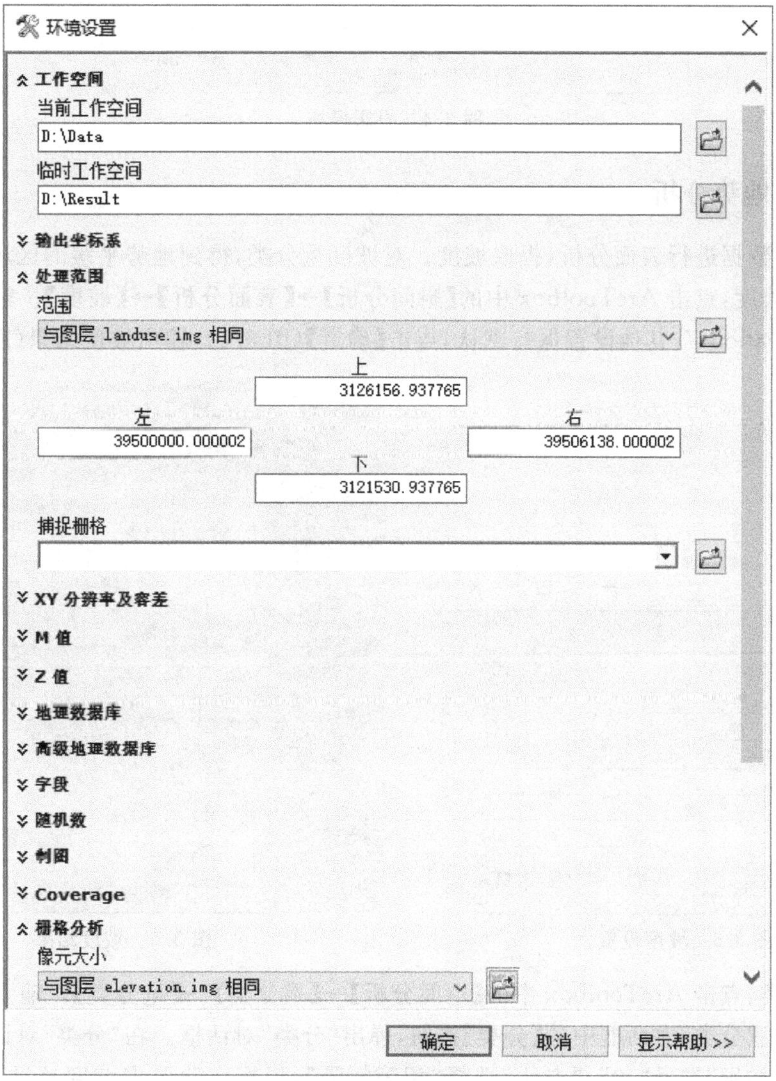

图 3.3　环境设置

通过观察发现高程数据与其余数据坐标系不一致，因此对高程数据的坐标系进行修改。点击【数据管理工具】→【投影和变换】→【栅格】→【投影栅格】，将“elevation”的坐标系改为与其余数据坐标系相一致，如图 3.4 所示。

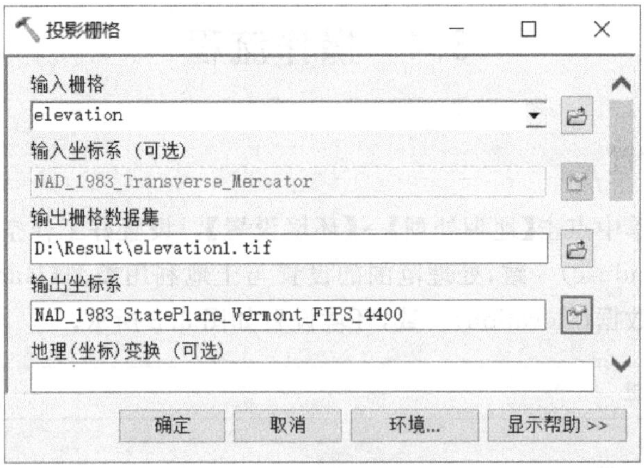

图 3.4 投影栅格

3.4.2 地势分析

基于高程数据进行表面分析，提取坡度。对坡度重分类，得到地势平缓的区域。

(1)提取坡度：点击 ArcToolbox 中的【空间分析】→【表面分析】→【坡度】。输入栅格选择高程数据“elevation1”，其他设置保持默认，点击【确定】(图 3.5)，输出坡度结果(图 3.6)。

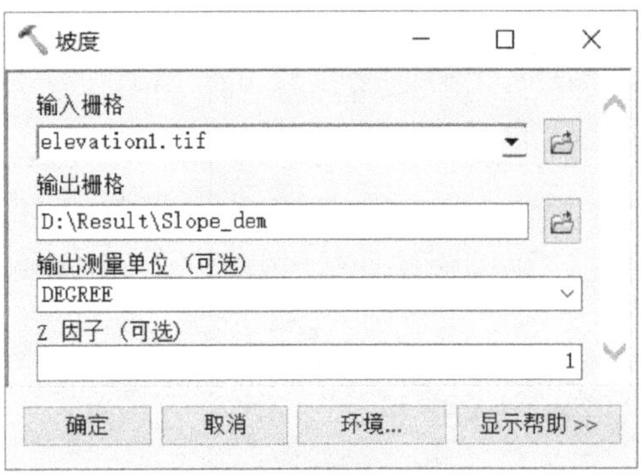

图 3.5 坡度设置

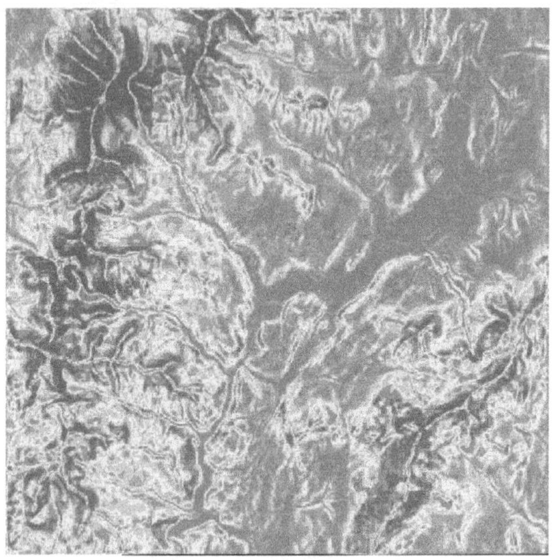

图 3.6 坡度结果

(2)重分类：点击 ArcToolbox 中的【空间分析】→【重分类】→【重分类】。输入栅格选择坡度结果，点击“重分类”对话框中的【分类】按钮，弹出“分类”对话框。在“分类”对话框中设置如下参数：分类“类别”选择“10”，“方法”选择“相等间隔”，根据实验要求坡度超过 30°以上的就不考虑，在重分类时将中断值 29.694 746 设为 30，点击【确定】，设置如图 3.7 所示。

在“重分类”对话框中点击【对新值取反】，点击【确定】，设置如图 3.8 所示，重分类结果如图 3.9 所示。

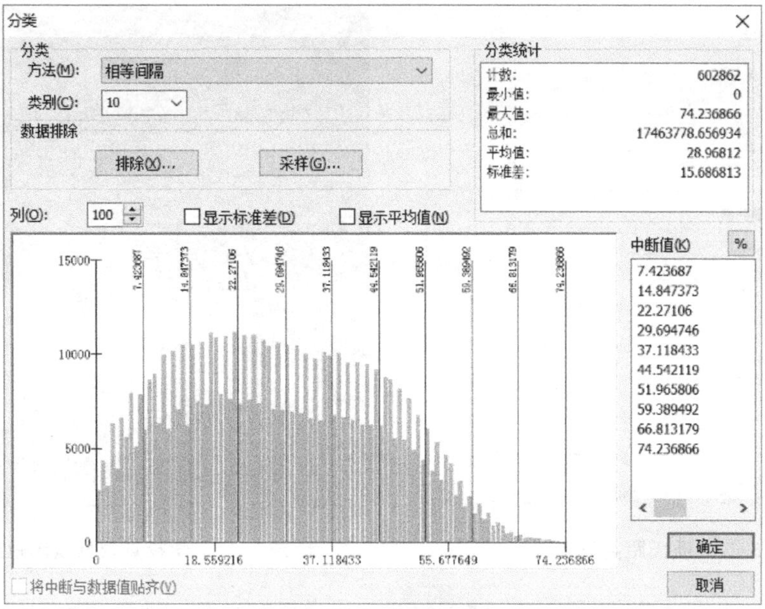

图 3.7 分类设置

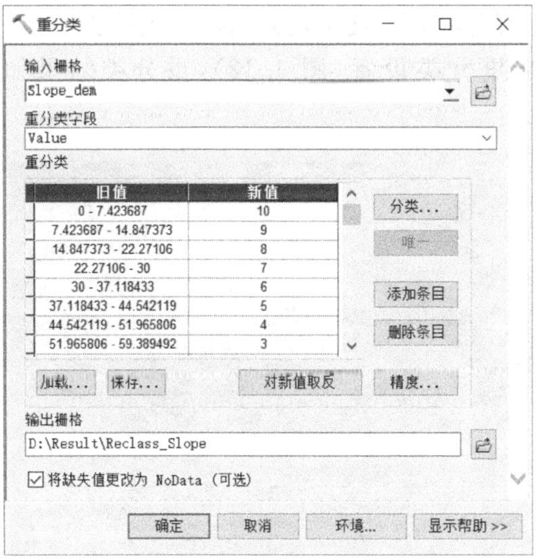

图 3.8 重分类设置

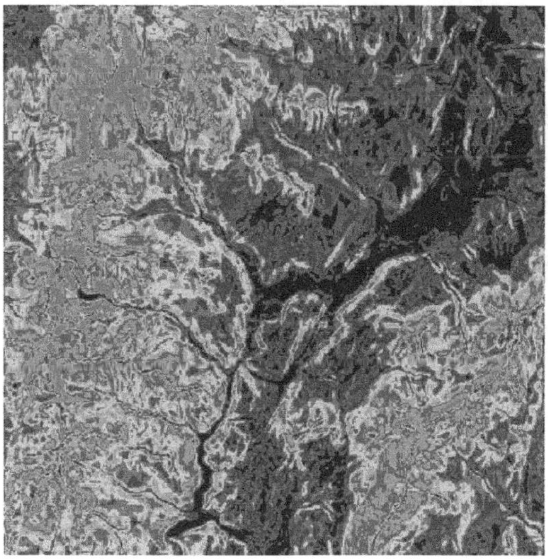

图 3.9 坡度重分类结果

3.4.3 学校点分析

对学校数据做欧氏距离分析，提取每个栅格与最近源之间的欧氏距离，并进行重分类，提取合适的区域。

(1)欧氏距离：点击 ArcToolbox 中的【空间分析】→【距离分析】→【欧氏距离】。输入栅格选择学校数据(图 3.10)，结果如图 3.11 所示。

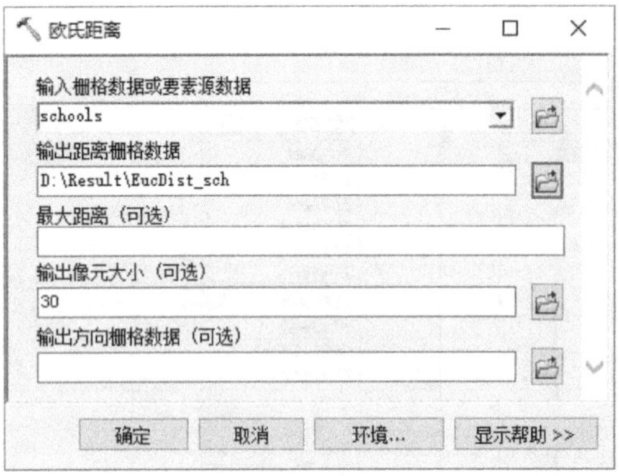

图 3.10　欧氏距离设置

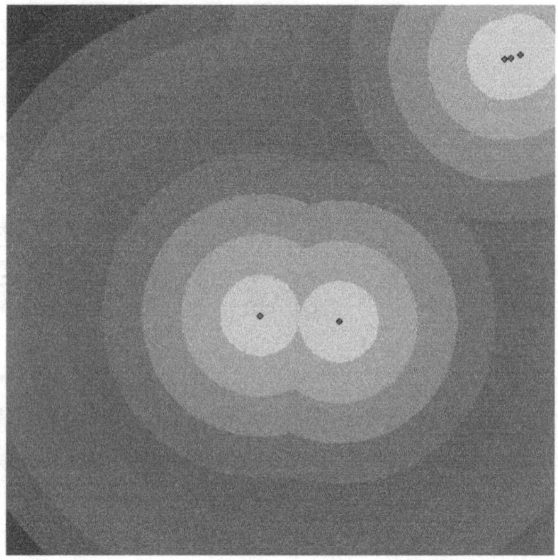

图 3.11　学校点数据欧氏距离结果

(2)重分类：点击 ArcToolbox 中的【空间分析】→【重分类】→【重分类】。输入栅格选择学校欧氏距离结果，点击“重分类”对话框中的【分类】，弹出“分类”对话框。在“分类”对话框中设置如下参数：“分类”类别选择“10”，“方法”选择“相等间隔”，点击【确定】。返回“重分类”对话框，勾选“将缺失值更改为 NoData(可选)”，完成重分类设置(图 3.12)，重分类结果如图 3.13 所示。

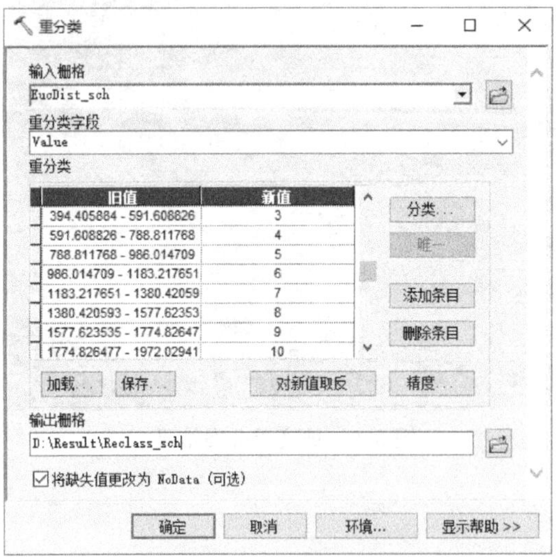

图 3.12　重分类设置

图 3.13　学校点数据重分类结果

3.4.4　娱乐场所点分析

(1)欧氏距离：点击 ArcToolbox 中的【空间分析】→【距离分析】→【欧氏距离】。“输入栅格数据或要素源数据”选择娱乐场所的数据(图 3.14)，输出欧氏距离结果，如图 3.15 所示。

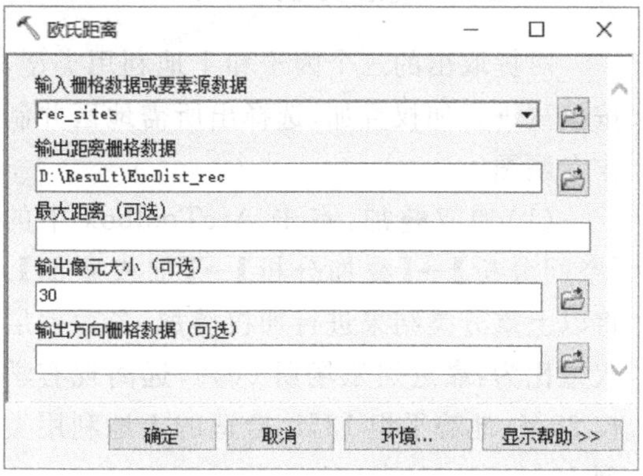

图 3.14　欧氏距离设置

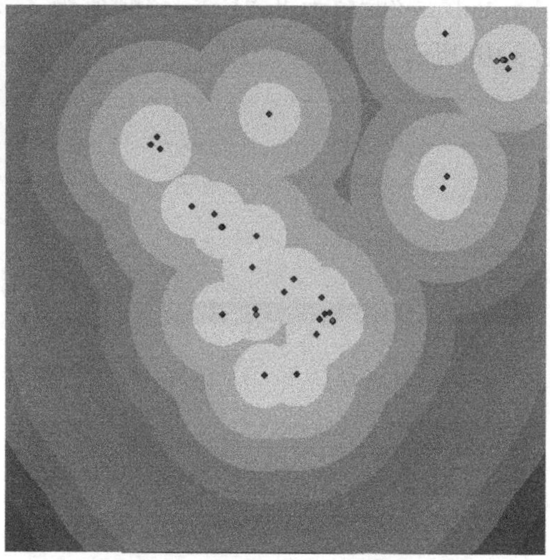

图 3.15　娱乐场所欧氏距离结果

(2)重分类：点击 ArcToolbox 中的【空间分析】→【重分类】→【重分类】。“输入栅格”选择娱乐场所欧氏距离的结果，点击“重分类”对话框中的【分类】，弹出“分类”对话框。在“分类”对话框中设置如下参数：“分类”类别选择“10”，“方法”选择“相等间隔”，点击【确定】。返回“重分类”对话框，点击【对新值取反】，勾选“将缺失值更改为 NoData(可选)”，点击【确定】。设置如图 3.16 所示，重分类结果如图 3.17 所示。

图 3.16　重分类设置

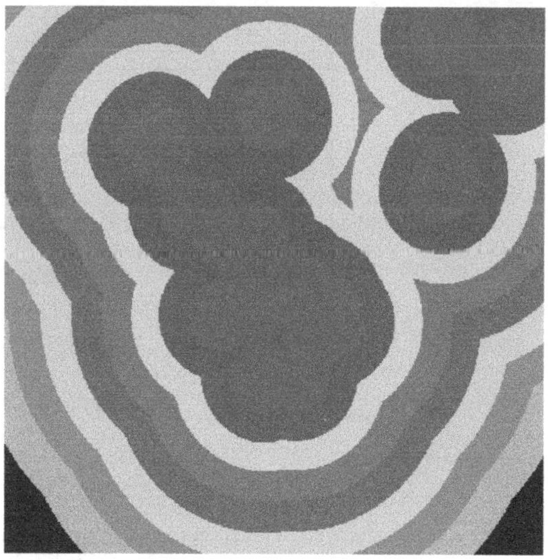

图 3.17　娱乐场所点数据重分类结果

3.4.5　土地利用类型分析

重分类：点击 ArcToolbox 中的【空间分析】→【重分类】→【重分类】。“输入栅格”为“landuse.img”，“重分类字段”为“LANDUSE”，将“Water”“Wetlands”设置为“NoData”。按照要求，给“Brush/transitional”赋值为 5，“Barren land”赋值为 9，“Built up”赋值为 3，

“Agriculture”赋值为8，“Forest”赋值为4，勾选“将缺失值更改为NoData(可选)”，设置如图3.18所示，点击【确定】。

图3.18　重分类设置

3.4.6　叠加分析

对提取出的三个因子和土地利用类型，按权重进行加权叠加，选择出所需地区并制作专题图。

(1)加权叠加：点击ArcToolbox中的【空间分析】→【叠加分析】→【加权叠加】。将以上重分类结果进行加权叠加，各数据层权重比为：靠近娱乐场所50%，远离现有学校25%，地势平坦13%，合适的土地利用类型12%。

加权叠加先设置评估等级，起始值为1，终止值为10，增量为1(图3.19)，输入坡度重分类结果，在“加权叠加”对话框中不选择坡度大于30°的结果(图3.20)，同时添加娱乐场所、学校、土地利用重分类结果，加权叠加结果如图3.21所示。

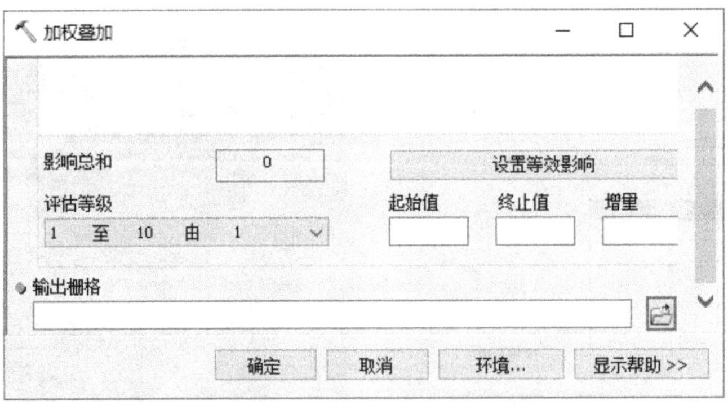

图3.19　评估等级设置

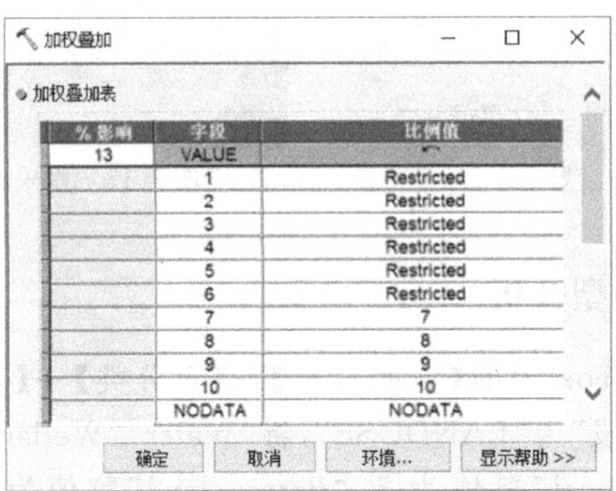

图3.20　坡度加权叠加设置

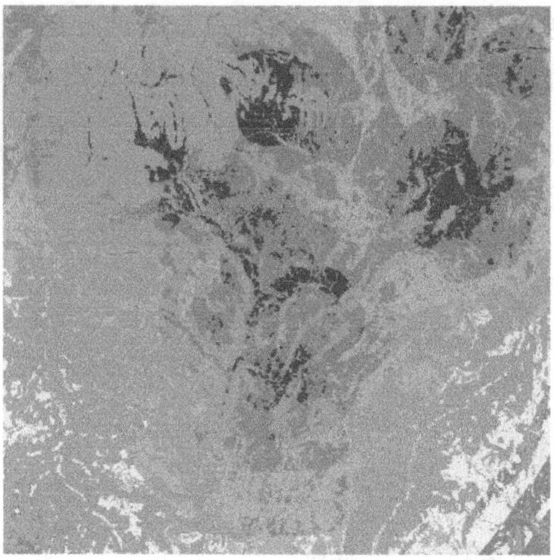

图 3.21　加权叠加结果

(2)提取权重最大区域：点击 ArcToolbox 中的【空间分析】→【地图代数】→【栅格计算器】。在“栅格计算器”对话框中，输入地图代数表达式“Con("Weight_Recl1" == 9,1)”(图 3.22)，输出提取权重最大区域结果如图 3.23 所示。

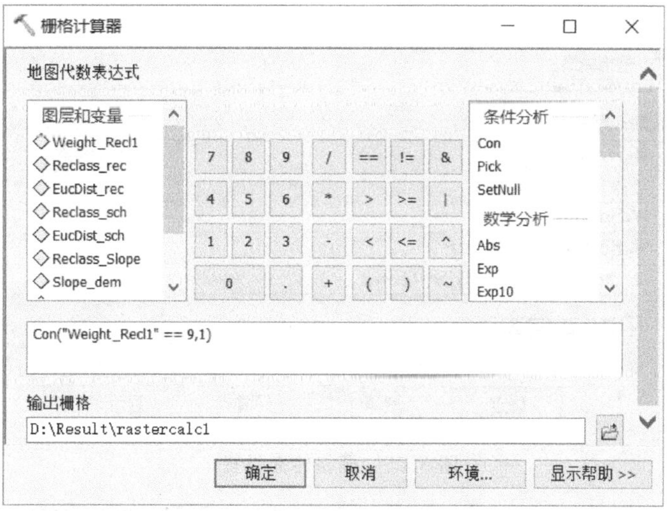

图 3.22　栅格计算器设置

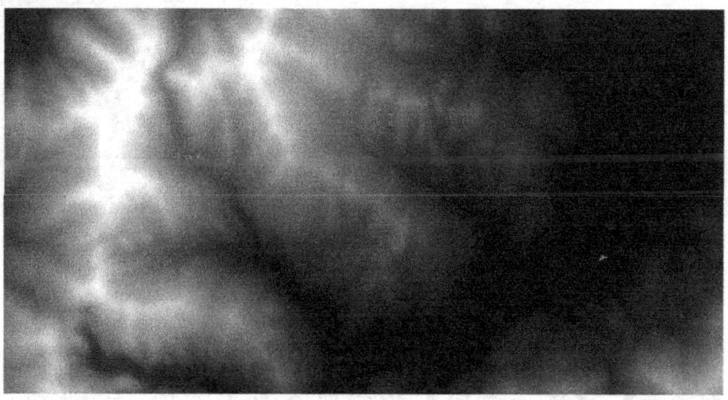

图 3.23　权重最大区域

(3)适宜区处理:利用众数滤波工具对得到的适宜区进行处理,处理掉细碎的像元,点击 ArcToolbox 中的【空间分析】→【栅格综合】→【众数滤波】,如图 3.24 所示,点击【确定】。

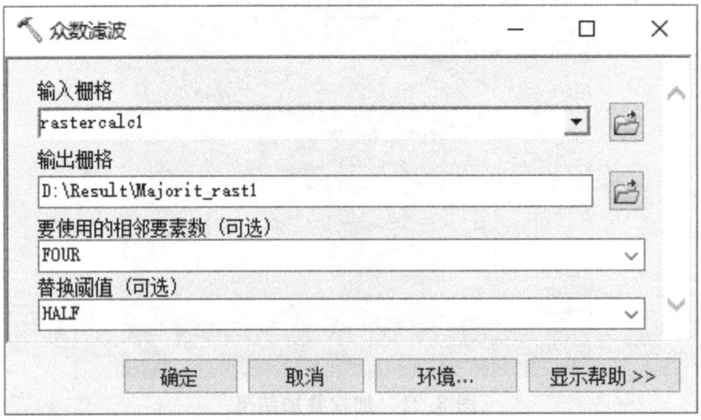

图 3.24 众数滤波设置

(4)转矢量:将提取的权重最大区域转换成矢量,点击 ArcToolbox 中的【转换工具】→【由栅格转出】→【栅格转面】。"输入栅格"选择提取的权重最大区域(图 3.25),输出结果如图 3.26 所示。

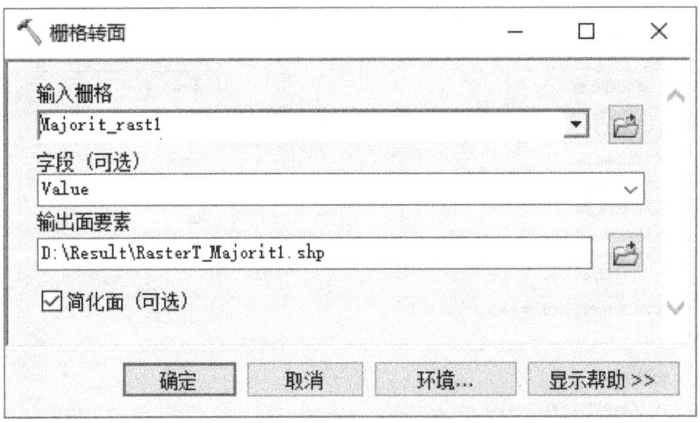

图 3.25 栅格转面设置

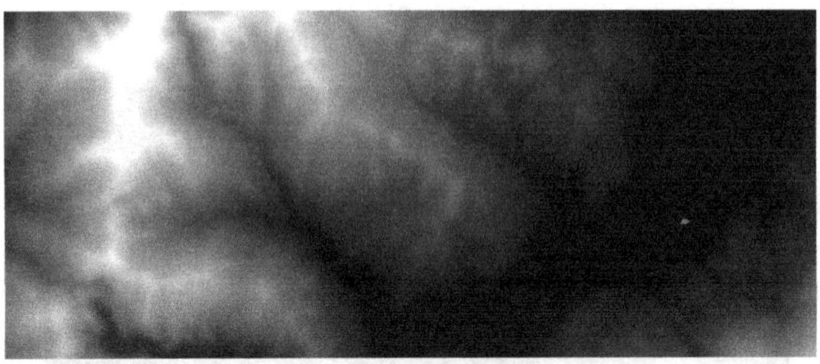

图 3.26 矢量化结果

(5)提取面积大于 5 英亩的区域:在内容列表中右键点击上一步生成的矢量数据→【打开属性表】,右键点击【表选项】→【添加字段】,将字段命名为面积,点击【确定】,完成字段添加。

右键点击【面积】→【计算几何】，属性选择面积，单位选择英亩，点击【确定】，完成面积计算（图 3.27）。

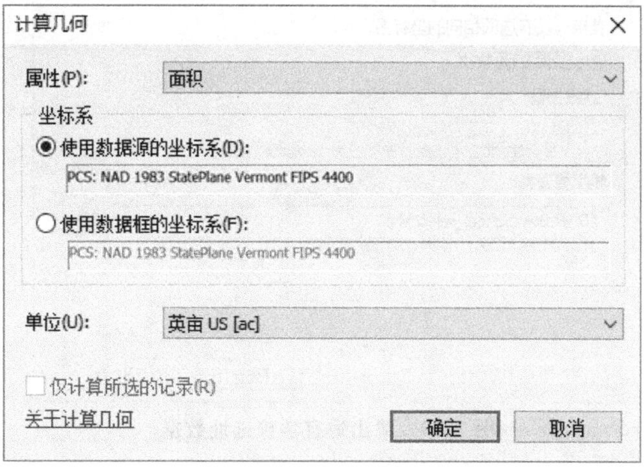

图 3.27　面积计算

点击主菜单中的【选择】→【按属性选择】，输入表达式："面积" ＞＝5（图 3.28）。

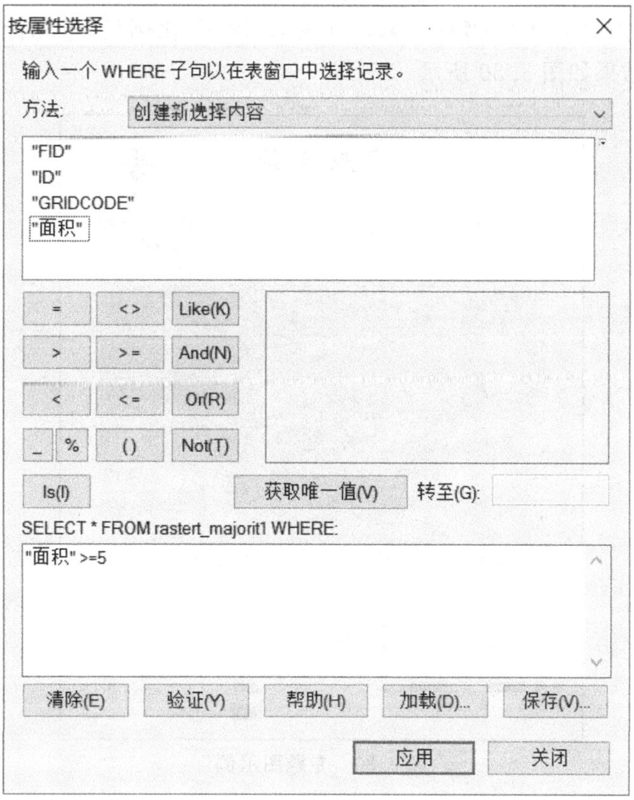

图 3.28　按属性选择工具

（6）输出数据：在图层中右键点击矢量化的权重最大区域，点击【数据】→【导出数据】，将数据保存为.shp 格式（图 3.29）。

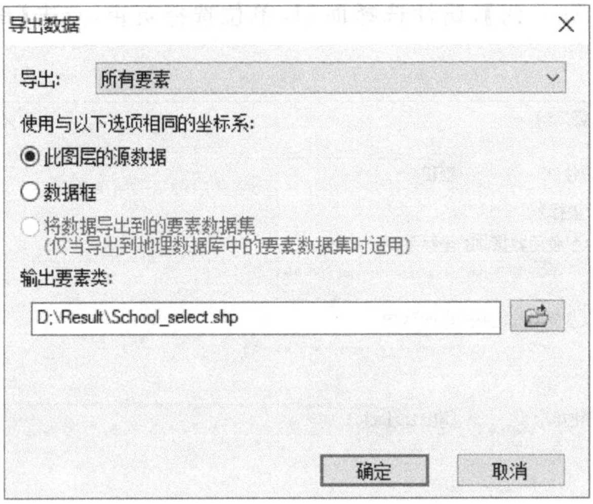

图 3.29 输出适宜学校选址数据

3.4.7 绘制专题地图

点击主菜单中的【视图】→【布局视图】，将页面切换到布局视图界面，在图框中添加学校适宜性分析结果图，点击主菜单中的【插入】，添加图名、图例、比例尺、指北针、坐标格网等数据，绘制专题图。绘制结果如图 3.30 所示。

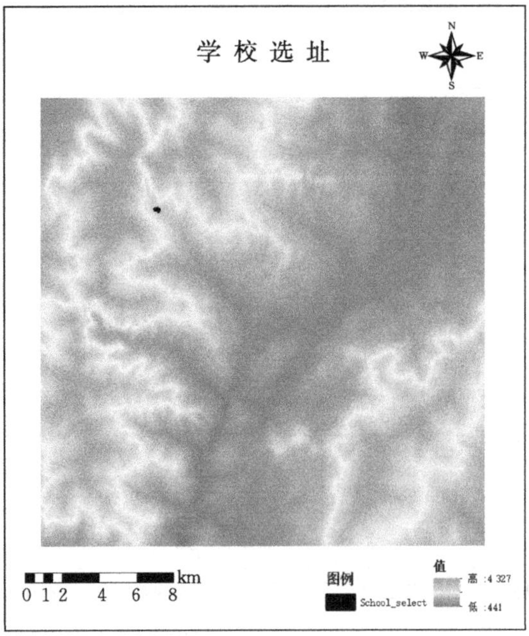

图 3.30 专题图示例

3.4.8 地形起伏度分析

由于高程数据反映了地形的连续起伏变化，基于 DEM 数据进行邻域分析块统计，得到起伏度变化，重分类地形起伏度。

(1)栅格邻域计算 1:点击 ArcToolbox 中的【空间分析】→【邻域分析】→【块统计】。输入“elevation1. tif”数据,“领域分析(可选)”和“领域设置”为默认,“统计类型(可选)”选择“MAXIMUM”,点击【确定】,完成块统计设置(图 3.31)。

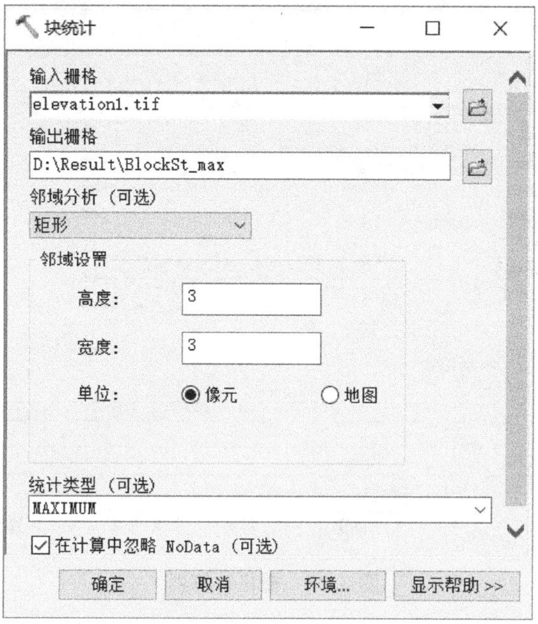

图 3.31　块统计设置 1

(2)栅格邻域计算 2:点击 ArcToolbox 中的【空间分析】→【邻域分析】→【块统计】。输入“elevation1. tif”数据,“领域分析(可选)”和“领域设置”为默认,“统计类型(可选)”选择“MINIMUM”,点击【确定】,完成块统计设置(图 3.32)。

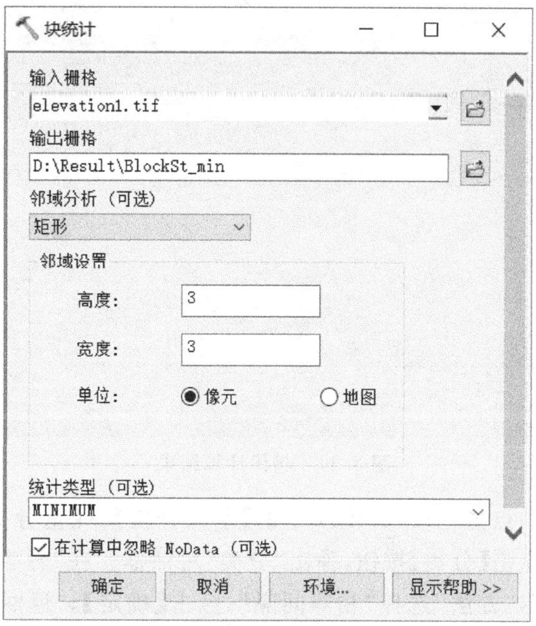

图 3.32　块统计设置 2

(3)栅格计算器:点击 ArcToolbox 中的【空间分析】→【地图代数】→【栅格计算器】。输入地图代数表达式,即用统计类型为最大值块统计结果减去统计类型为最小值块统计结果,设置如图 3.33 所示,点击【确定】,输出结果如图 3.34 所示。

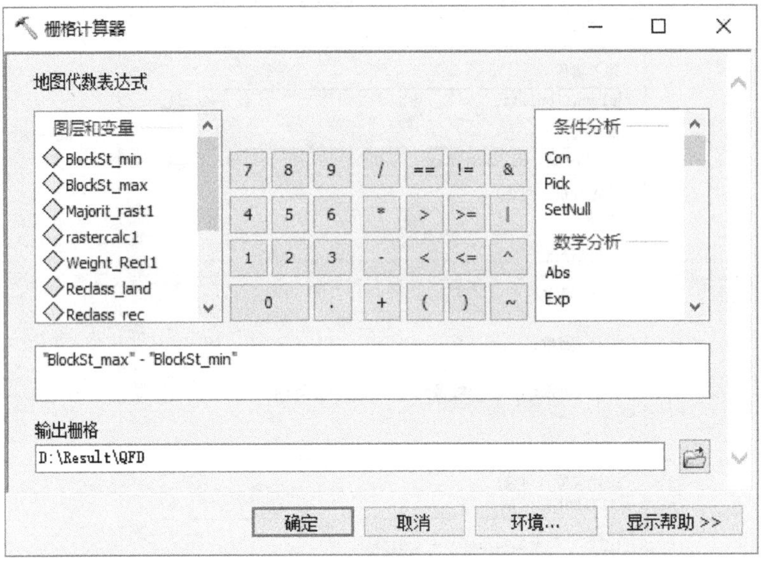

图 3.33　栅格计算器

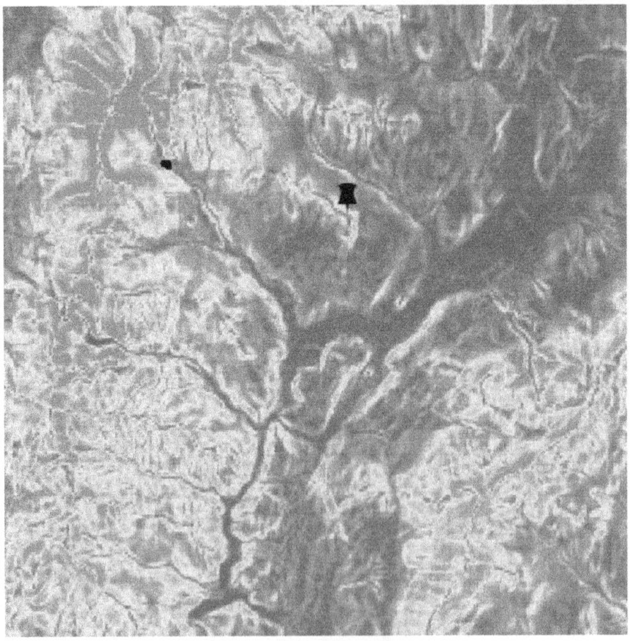

图 3.34　起伏计算结果

(4)重分类地形起伏:点击 ArcToolbox 中的【空间分析】→【重分类】→【重分类】。"输入栅格"选择起伏度结果,点击【分类】按钮,弹出"分类"对话框。在"分类"对话框中设置如下参数:"分类"类别选择"10","方法"选择"相等间隔",点击【确定】。返回"重分类"对话框,点击【对新值取反】,点击【确定】,设置如图 3.35 所示。

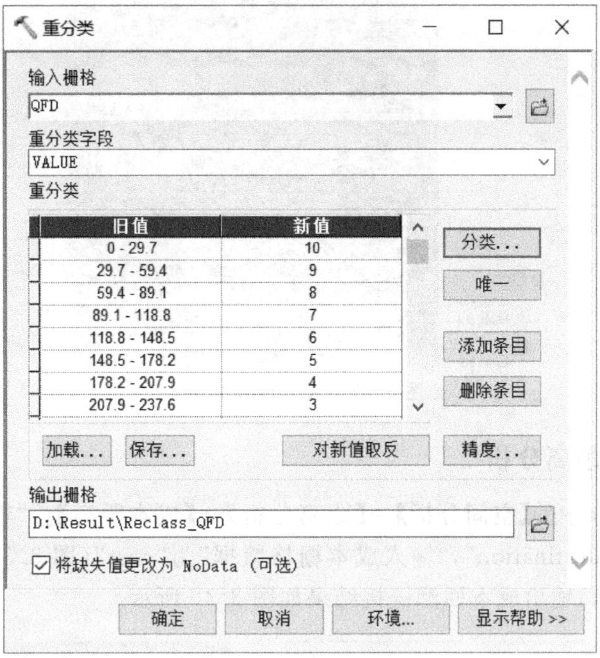

图 3.35　重分类设置

3.4.9　成本计算

点击 ArcToolbox 中的【空间分析】→【地图代数】→【栅格计算器】。输入地图代数表达式："Reclass_land" * 0.3＋"Reclass_QFD" * 0.3＋"Reclass_Slope" * 0.4。设置如图 3.36 所示。点击【确定】，成本计算结果如图 3.37 所示。

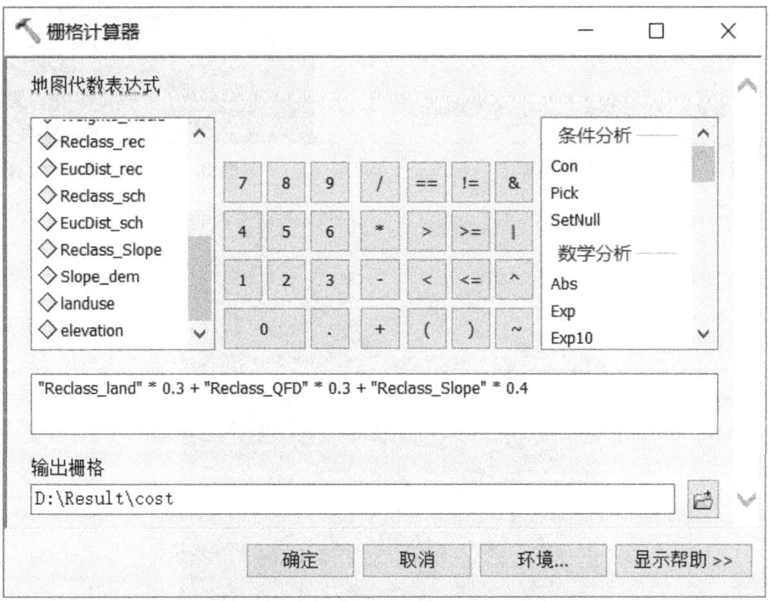

图 3.36　成本费用计算

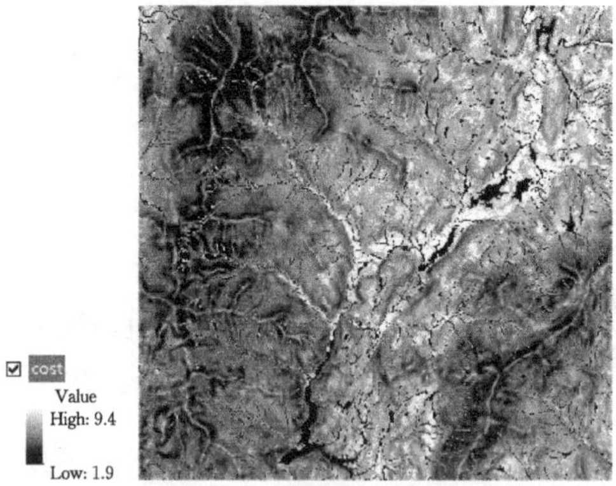

图 3.37 成本计算结果

3.4.10 成本距离分析

点击 ArcToolbox 中的【空间分析】→【距离分析】→【成本距离】。“输入栅格数据或要素源数据”选择目的地“destination”，“输入成本栅格数据”为“cost”(图 3.38)，输出成本距离计算结果如图 3.39 所示，输出成本回溯链接结果如图 3.40 所示。

图 3.38 成本距离计算

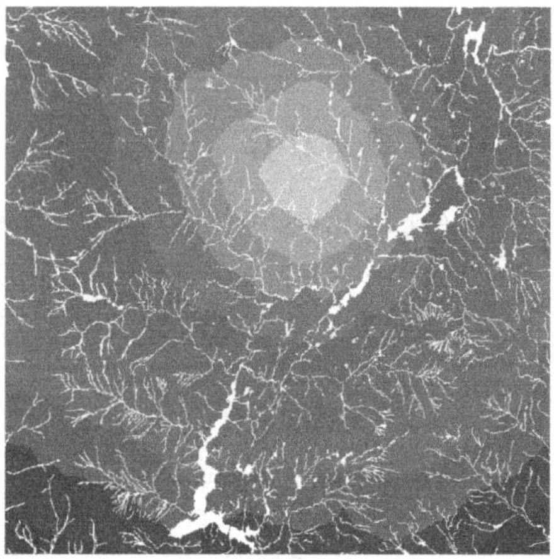

图 3.39 成本距离计算结果

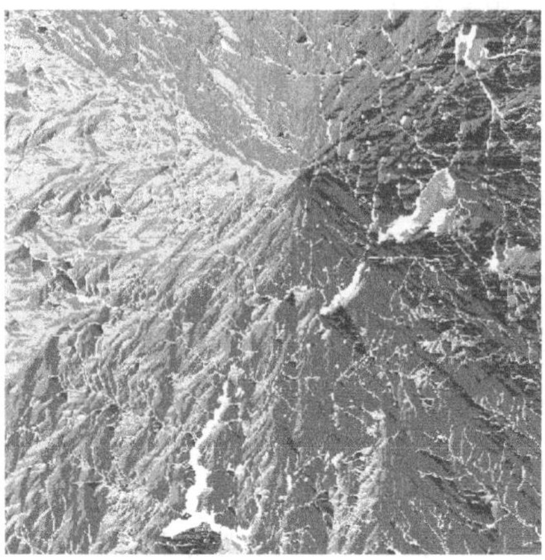

图 3.40 成本回溯链接结果

3.4.11　成本路径分析

根据学校的最佳选址地点与成本距离栅格和成本回溯链接数据进行成本路径分析。

(1)利用距离分析成本路径计算最小距离,点击 ArcToolbox 中的【空间分析】→【距离分析】→【成本路径】。“输入栅格数据或要素目标数据”选择适宜的学校选址数据,“输入成本距离栅格数据”与“输入成本回溯链接栅格数据”的设置如图 3.41 所示,点击【确定】,输出结果如图 3.42 所示。

图 3.41　成本路径工具

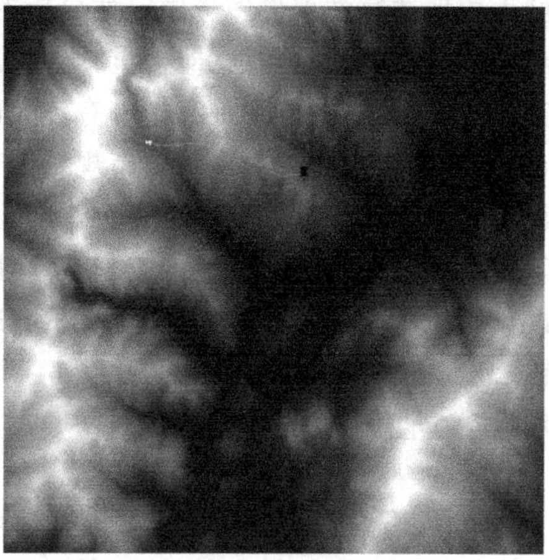

图 3.42　成本路径结果

(2)转换数据格式:将成本路径结果转换为矢量数据,点击 ArcToolbox 中的【转换】→【由栅格转出】→【栅格转面】。“输入栅格”选择成本路径结果,设置如图 3.43 所示,点击【确定】,输出结果如图 3.44 所示。

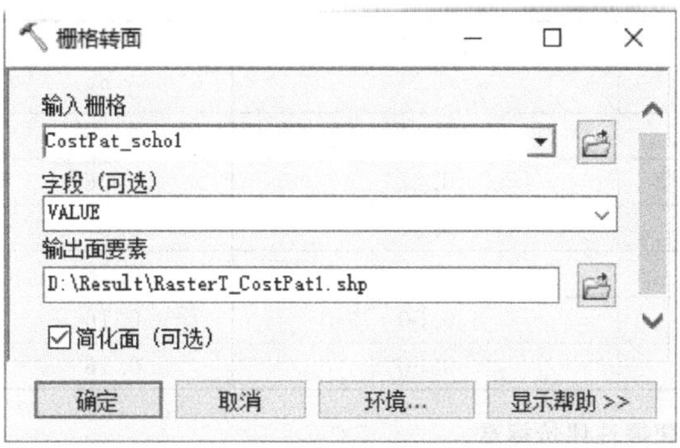

图 3.43　栅格转面工具

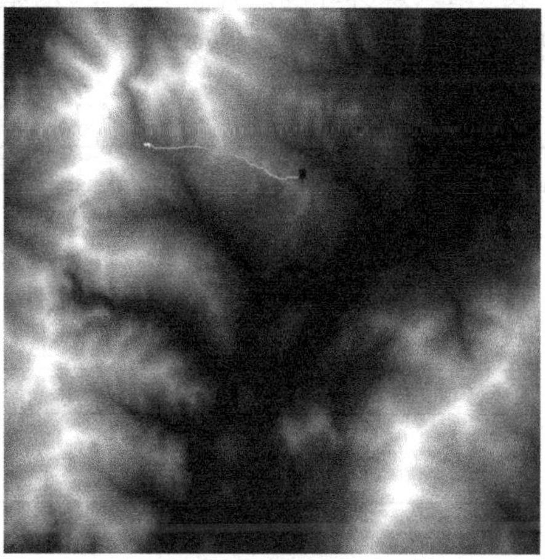

图 3.44　矢量化结果

实验四　城市用地适宜性评价

城市用地适宜性评价是城市规划中的一项重要基础性工作，合理确定可适宜发展的用地不仅是以后各项专题规划的基础，而且将对城市的整体布局、社会经济发展产生重大影响。过去城市用地适宜性评价多采用定性分析的方法，由于影响土地适宜性的因素是多方面的，各因素对评价目标的影响程度（即权重）不同，定性分析评价方法并不能客观量化地体现各用地在适宜性方面的差异，使评价工作带有较大的主观性。为给总体规划的深入分析提供可靠的依据，提高方案决策的说服力和城市规划工作的客观性、科学性，探索一种适用于城市规划的用地评价定量化方法显得非常有必要。随着地理信息技术的发展和应用的逐渐成熟，为城市规划工作中城市用地适宜性评价工作从定性分析发展到定量分析提供了有力的技术手段。本实验以某区域为例，选取交通便捷性、环境适宜性、城市氛围、地形适宜性 4 个一级评价因子和 7 个二级评价因子，综合采用欧氏距离、重分类、模糊叠加、加权叠加等空间分析方法，阐述城市用地适应性评价工作流程，并制作城市用地适宜性专题图。

4.1　实验内容及目的

4.1.1　实验内容

本实验根据提供的数据进行建设用地适宜性评价（表 4.1）。用地适宜性评价因子包括：交通便捷性评价（表 4.2）；环境适宜性评价，包括滨水环境的评价（表 4.3）、远离工业污染的评价（表 4.4）、森林环境的评价（表 4.5）、城市氛围的评价（表 4.6）；地形适宜性评价，包括地形高程的评价（表 4.7）、地形坡度的评价（表 4.8）。

表 4.1　用地适宜性评价因子及权重

评价因子	权重	子因子	子因子权重	复合权重
交通便捷性	0.28	—	—	0.28
环境适宜性	0.22	滨水环境	0.41	0.09
		远离工业污染	0.27	0.06
		森林环境	0.32	0.07
城市氛围	0.18	—	—	0.18
地形适宜性	0.32	地形高程	0.50	0.16
		地形坡度	0.50	0.16

表 4.2　交通便捷性评价标准

评价因子	分类	分级
交通便捷性	距离道路 0～200 m	5
	距离道路 200～400 m	4
	距离道路 400～600 m	3
	距离道路 600～800 m	2
	距离道路 800 m 以上	1

表 4.3 滨水环境的评价标准

评价因子	分类	分级
滨水环境	距离河流 0～500 m,或距离溪流 0～500 m	5
	距离河流 500～1 500 m,或距离溪流 500～1 000 m	4
	距离河流 1 500～2 500 m,或距离溪流 1 000～1 500 m	3
	距离河流 2 500～3 500 m 上,或距离溪流 1 500～2 000 m	2
	距离河流 3 500 m 以上,或距离溪流 2 000 m 以上	1

表 4.4 远离工业污染的评价标准

评价因子	分类	分级
远离工业污染	距离工业区大于 3 500 m	5
	距离工业区 2 500～3 500 m	4
	距离工业区 1 500～2 500 m	3
	距离工业区 500～1 500 m	2
	距离工业区 0～500 m	1

表 4.5 森林环境的评价标准

评价因子	分类	分级
林区环境	距离林区 0～500 m	5
	距离林区 500～1 000 m	4
	距离林区 1 000～1 500 m	3
	距离林区 1 500～2 000 m	2
	距离林区大于 2 000 m	1

表 4.6 城市氛围的评价标准

评价因子	分类	分级
城市氛围	距离居民地 0～600 m	5
	距离居民地 600～1 200 m	4
	距离居民地 1 200～1 800 m	3
	距离居民地 1 800～2 400 m	2
	距离居民地大于 2 400 m	1

表 4.7 地形高程的评价标准

评价因子	分类	分级
地形高程	高程范围为 0～450 m	5
	高程范围为 450～550 m	4
	高程范围为 550～650 m	3
	高程范围为 650～750 m	2
	高程大于 750 m	1

表 4.8 地形坡度的评价标准

评价因子	分类	分级
地形坡度	坡度范围为 0°～8°	5
	坡度范围为 8°～16°	4
	坡度范围为 16°～24°	3
	坡度范围为 24°～32°	2
	坡度大于 32°	1

4.1.2 实验目的

(1)掌握对图层属性的单独显示。
(2)熟悉欧氏距离和重分类的分析方法。
(3)熟悉模糊叠加、加权叠加和坡度的分析方法。
(4)了解专题图的含义,掌握 ArcGIS 中专题图的制作方法。

4.2 数据说明

数据存放目录为 D:\Data,数据说明如表 4.9 所示。

表 4.9 数据说明

路径	文件名称	格式	说明
\Data	高程	.img	数字高程模型数据
\Data	道路	shapefile	道路数据
\Data	工业	shapefile	工业分布数据
\Data	河流	shapefile	河流分布数据
\Data	居民点	shapefile	居民点分布数据
\Data	林区	shapefile	林区分布数据
\Data	溪流	shapefile	溪流分布数据
\Data	研究范围	shapefile	研究范围数据

4.3 实验方案

基于高程数据生成坡度,对道路、河流、溪流、工业、森林、居民地、高程、坡度数据做欧氏距离分析,对所有的欧氏距离根据题意进行重分类,最后利用模糊叠加和栅格计算器对四个评价因子根据权重做叠加分析,得到适宜性用地,并制作专题地图,实验方案流程如图 4.1 所示。

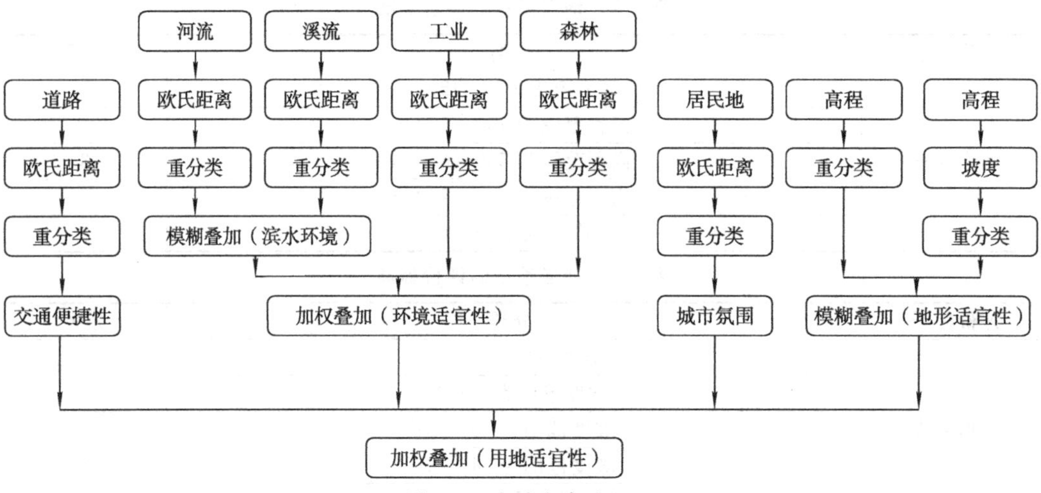

图 4.1 实验方案流程

4.4 操作流程

4.4.1 环境设置

在菜单栏中点击【地理处理】→【环境设置】，打开“环境设置”窗口，设置好工作空间，“处理范围”设为“与图层范围相同”，“像元大小”设为“与图层高程__相同”，点击【确定】，完成环境设置(图 4.2)。

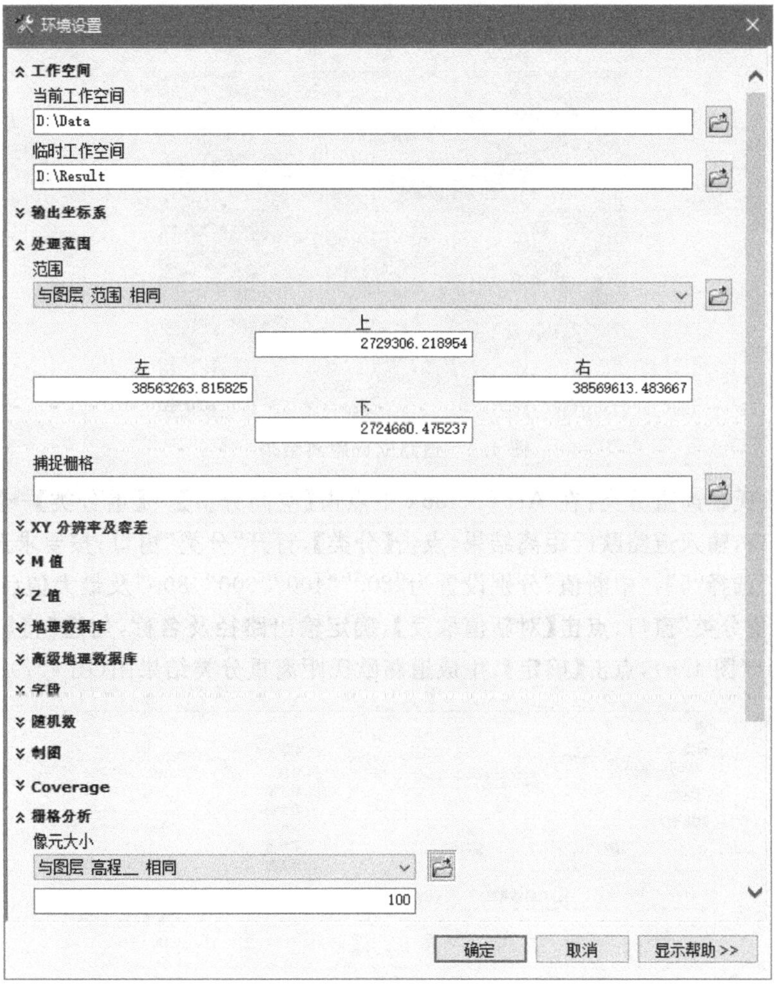

图 4.2　环境设置

4.4.2 交通便捷性分析

(1)道路欧氏距离分析：在 ArcToolbox 中点击【空间分析】→【距离分析】→【欧氏距离】，打开“欧氏距离”窗口，输入道路数据，确定输出路径及名称(图 4.3)，点击【确定】，生成道路欧氏距离结果图(图 4.4)。

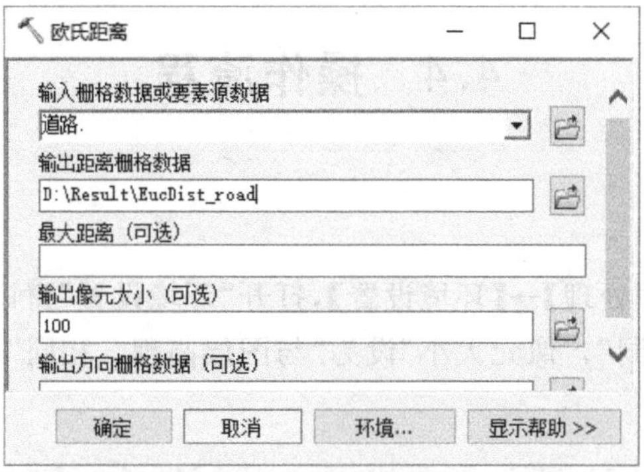

图 4.3 道路欧氏距离

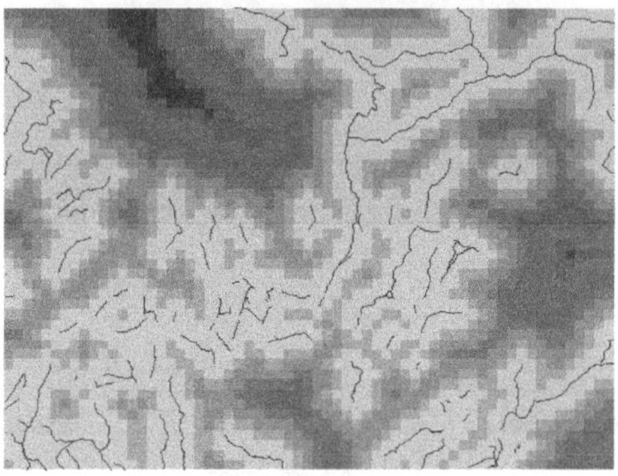

图 4.4 道路欧氏距离结果

(2)道路欧氏距离重分类：在 ArcToolbox 中点击【空间分析】→【重分类】→【重分类】，打开“重分类”窗口，输入道路欧氏距离结果，点击【分类】，打开“分类”窗口；按要求选择“手动”分类方法，“类别”选择“5”，“中断值”分别设置为“200”“400”“600”“800”及最大值（图 4.5），点击【确定】，返回“重分类”窗口；点击【对新值取反】，确定输出路径及名称，勾选“将缺失值更改为 NoData(可选)”（图 4.6），点击【确定】，生成道路欧氏距离重分类结果图（图 4.7）。

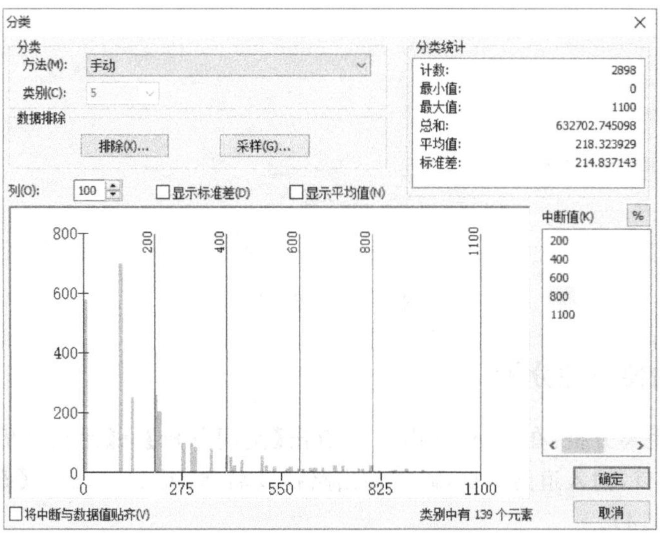

图 4.5 道路欧氏距离分类

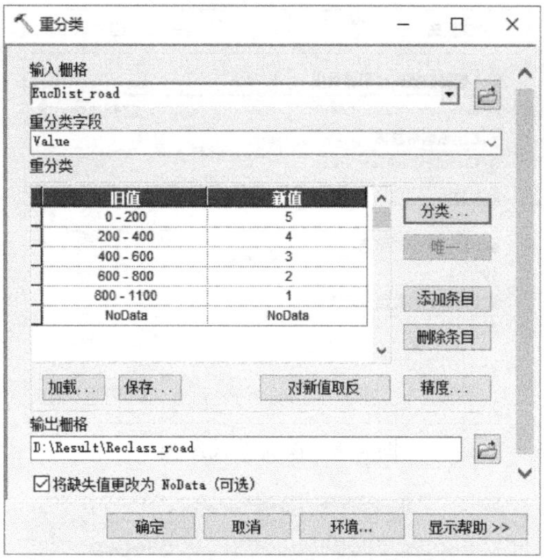

图 4.6　道路欧氏距离重分类

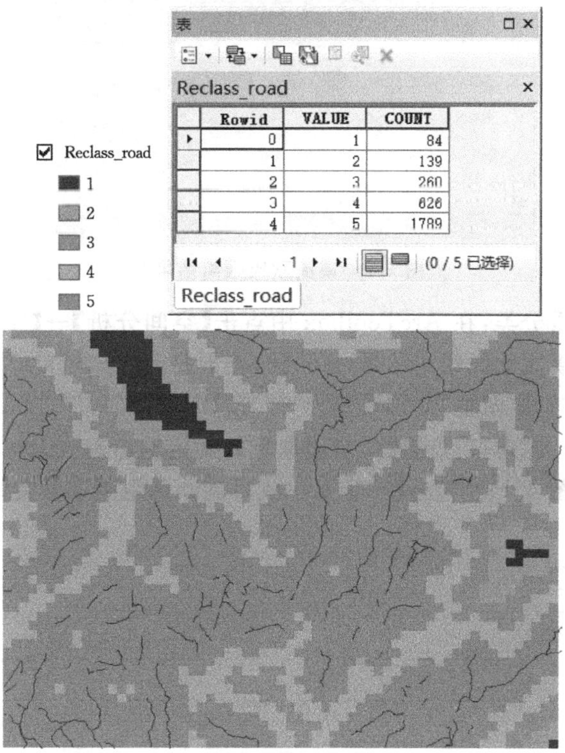

图 4.7　道路欧氏距离重分类结果

4.4.3　环境适宜性分析

1. 滨水环境评价分析

(1)溪流欧氏距离分析：在 ArcToolbox 中点击【空间分析】→【距离分析】→【欧氏距离】，打开“欧氏距离”窗口，输入溪流数据，确定输出路径及名称(图 4.8)，点击【确定】，生成溪流欧氏距离结果图(图 4.9)。

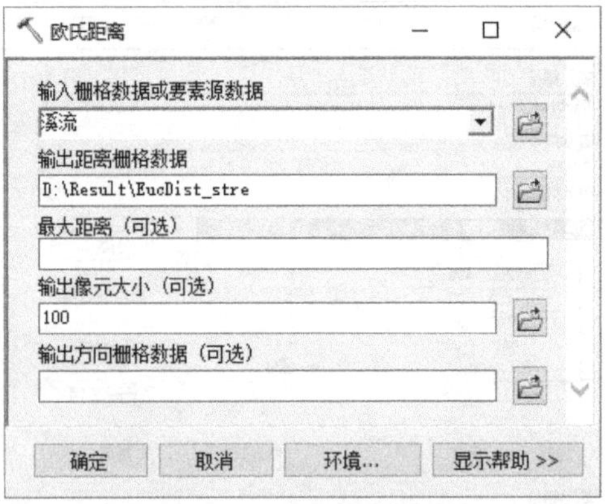

图 4.8 溪流欧氏距离

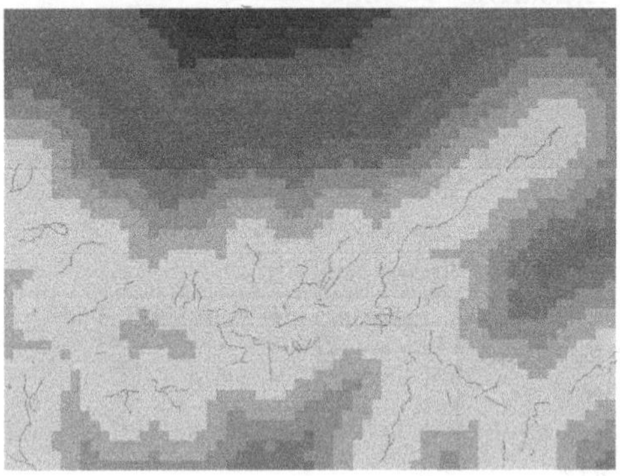

图 4.9 溪流欧氏距离结果

(2)溪流欧氏距离重分类：在 ArcToolbox 中点击【空间分析】→【重分类】→【重分类】，打开“重分类”窗口，输入溪流欧氏距离结果，点击【分类】，打开“分类”窗口；按要求选择“手动”分类方法，“类别”选择“5”，“中断值”分别设置为“500”“1000”“1500”“2000”及最大值(图 4.10)，点击【确定】，返回“重分类”窗口；点击【对新值取反】，确定输出路径及名称，勾选“将缺失值更改为 NoData(可选)”(图 4.11)，点击【确定】，生成溪流欧氏距离重分类结果图(图 4.12)。

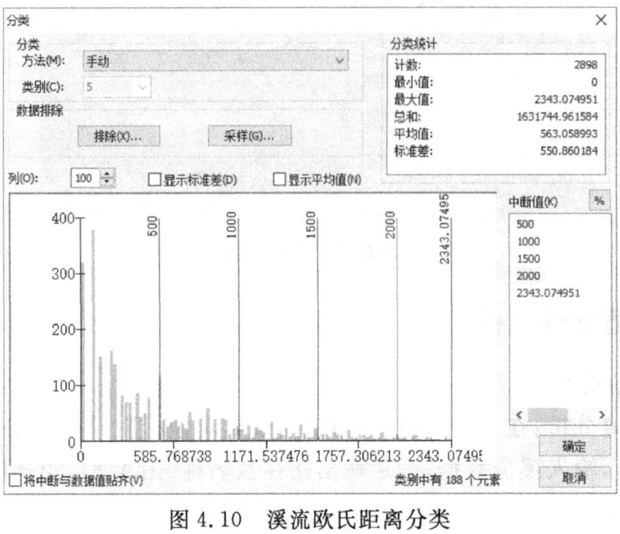

图 4.10 溪流欧氏距离分类

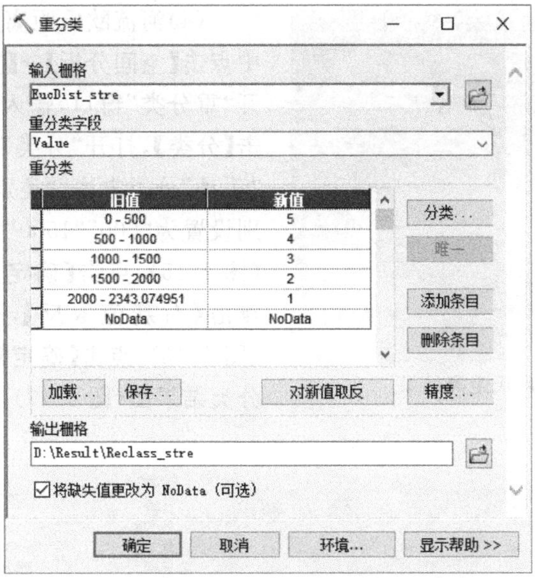

图 4.11　溪流欧氏距离重分类

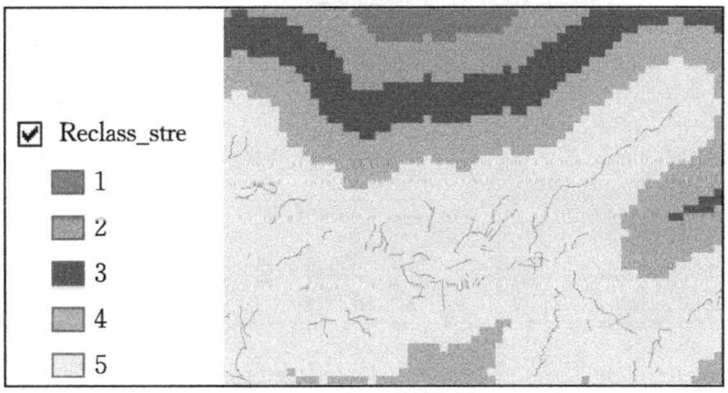

图 4.12　溪流欧氏距离重分类结果

(3)河流欧氏距离分析：在 ArcToolbox 中点击【空间分析】→【距离分析】→【欧氏距离】，打开"欧氏距离"窗口，输入河流数据，确定输出路径及名称(图 4.13)，点击【确定】，生成河流欧氏距离结果图(图 4.14)。

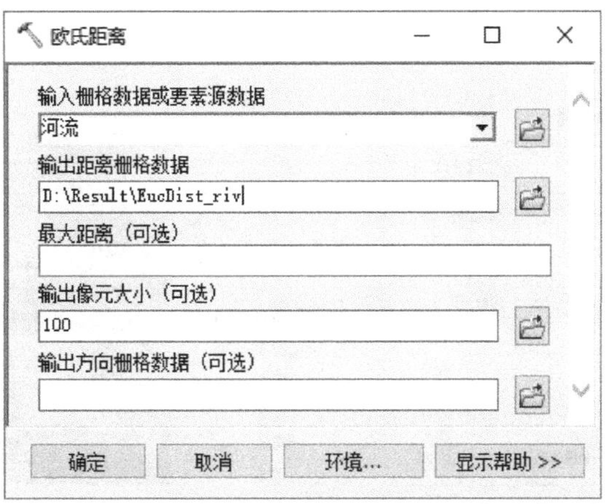

图 4.13　河流欧氏距离

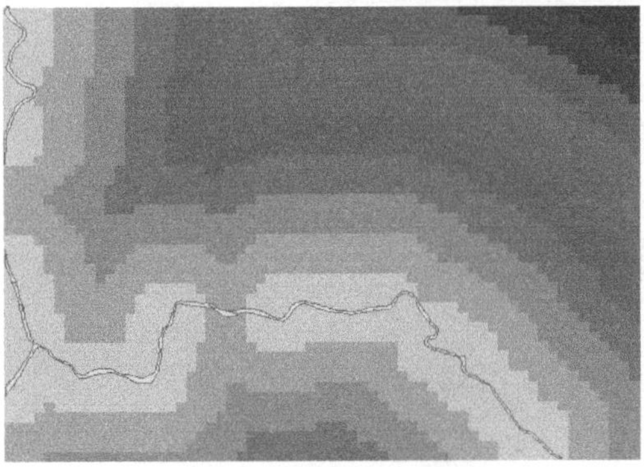

图 4.14　河流欧氏距离结果

(4)河流欧氏距离重分类：在 ArcToolbox 中点击【空间分析】→【重分类】→【重分类】，打开“重分类”窗口，输入河流欧氏距离结果，点击【分类】，打开“分类”窗口；按题目要求选择“手动”分类方法，“类别”选择“5”，“中断值”分别设置为“500”“1500”“2500”“3500”及最大值(图 4.15)，点击【确定】，返回“重分类”窗口；点击【对新值取反】，确定输出路径及名称(图 4.16)，点击【确定】，生成河流欧氏距离重分类结果图(图 4.17)。

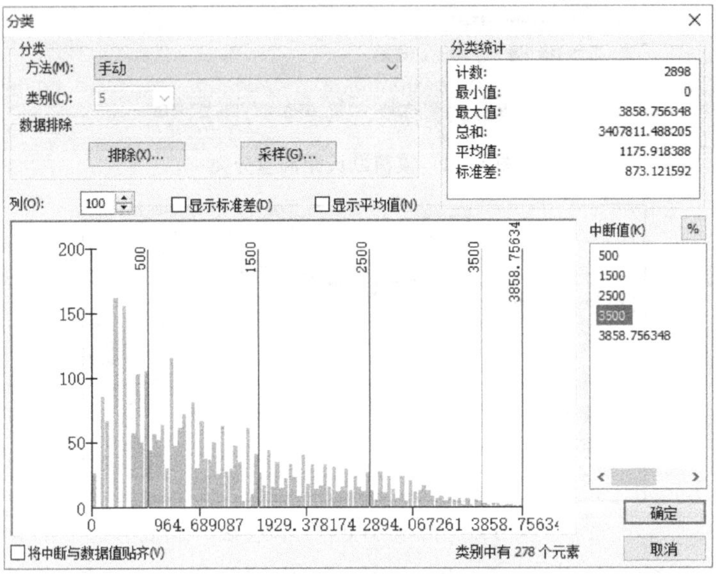

图 4.15　河流欧氏距离分类

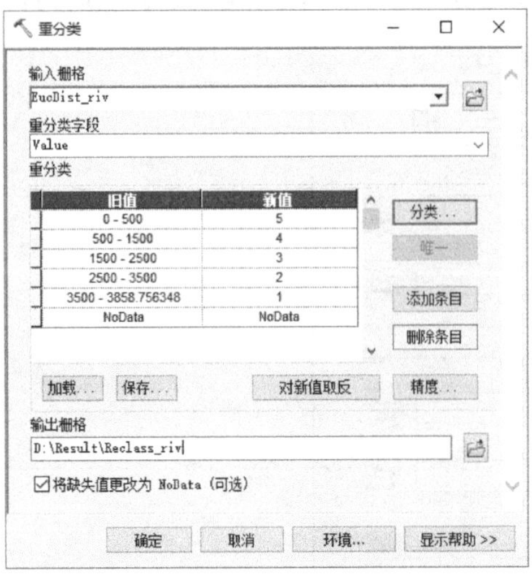

图 4.16　河流欧氏距离重分类

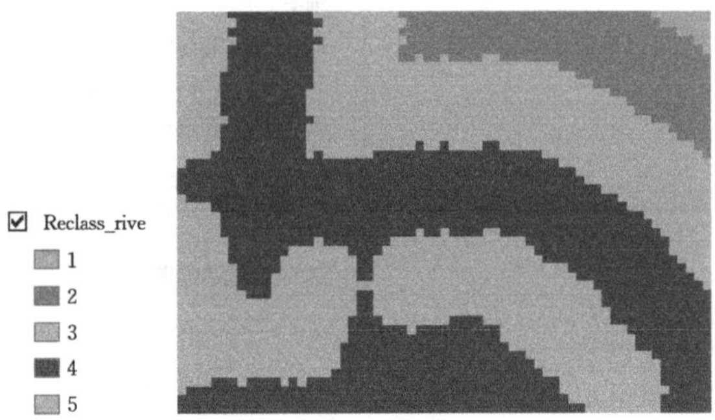

图 4.17　河流欧氏距离重分类结果

(5)模糊叠加:在 ArcToolbox 中点击【空间分析】→【叠加分析】→【模糊叠加】,打开“模糊叠加”窗口,输入溪流、河流重分类数据,确定输出路径及名称(图 4.18),点击【确定】,生成溪流与河流模糊叠加成果图(图 4.19)。

图 4.18　溪流与河流模糊叠加

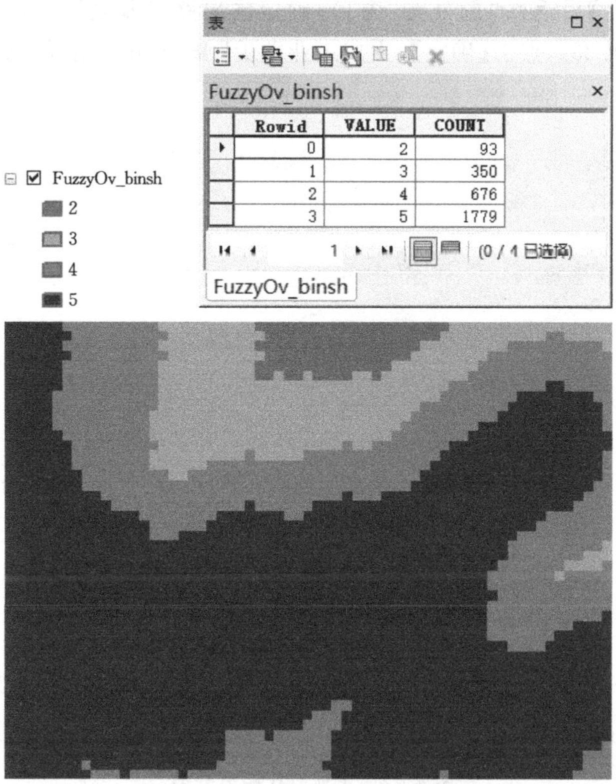

图 4.19　溪流与河流模糊叠加成果

2. 远离工业污染评价分析

(1)工业欧氏距离分析:在 ArcToolbox 中点击【空间分析】→【距离分析】→【欧氏距离】,打开“欧氏距离”窗口,输入工业数据,确定输出路径及名称(图 4.20),点击【确定】,生成工业欧氏距离结果图(图 4.21)。

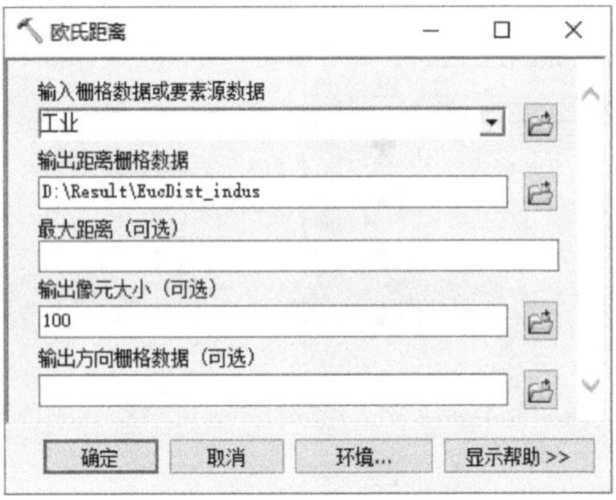

图 4.20　工业欧氏距离

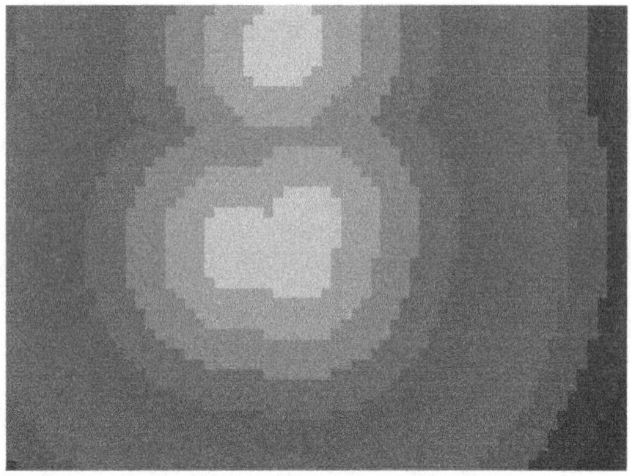

图 4.21　工业欧氏距离结果

(2)工业欧氏距离重分类:在 ArcToolbox 中点击【空间分析】→【重分类】→【重分类】,打开“重分类”窗口,输入工业欧氏距离结果,点击【分类】,打开“分类”窗口;按题目要求选择“手动”分类方法,“类别”选择“5”,“中断值”分别设置为“500”“1500”“2500”“3500”及最大值(图 4.22),点击【确定】后返回“重分类”窗口;确定输出路径及名称,勾选“将缺失值更改为 NoData(可选)”(图 4.23),点击【确定】,生成工业欧氏距离重分类结果图(图 4.24)。

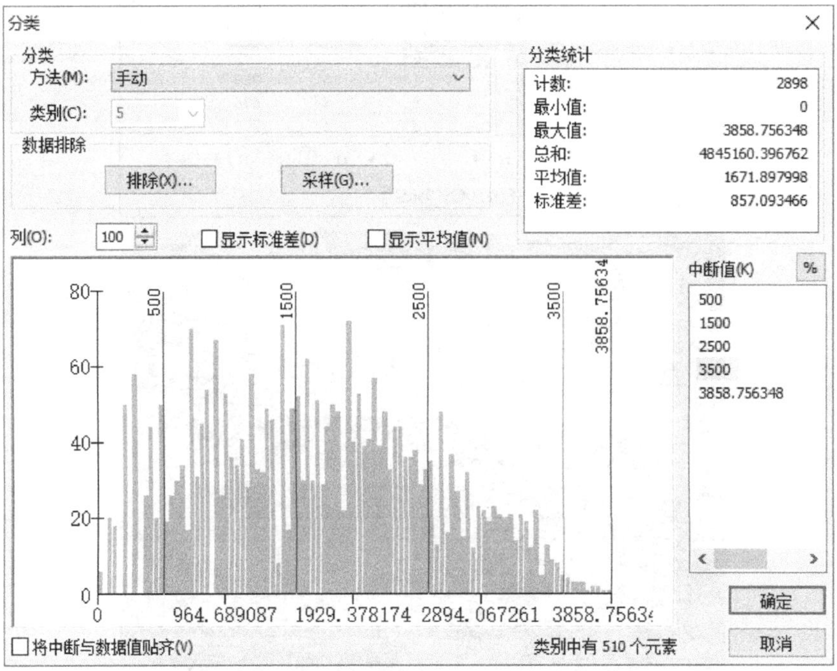

图 4.22　工业欧氏距离分类

图 4.23　工业欧氏距离重分类

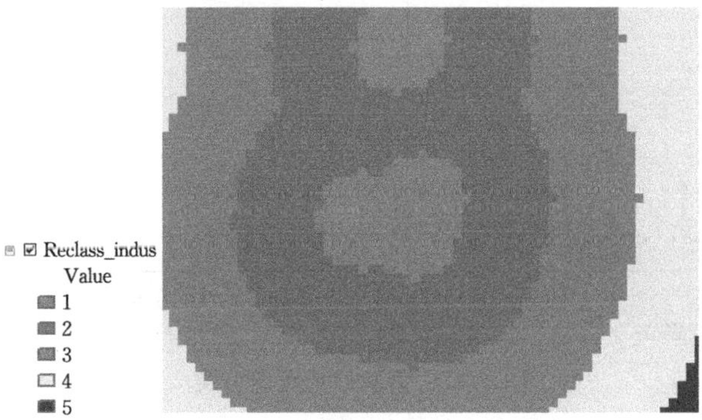

图 4.24　工业欧氏距离重分类结果

3. 森林环境评价分析

(1)森林欧氏距离分析：在 ArcToolbox 中点击【空间分析】→【距离分析】→【欧氏距离】，打开“欧氏距离”窗口，输入森林数据，确定输出路径及名称(图 4.25)，点击【确定】，生成森林欧氏距离结果图(图 4.26)。

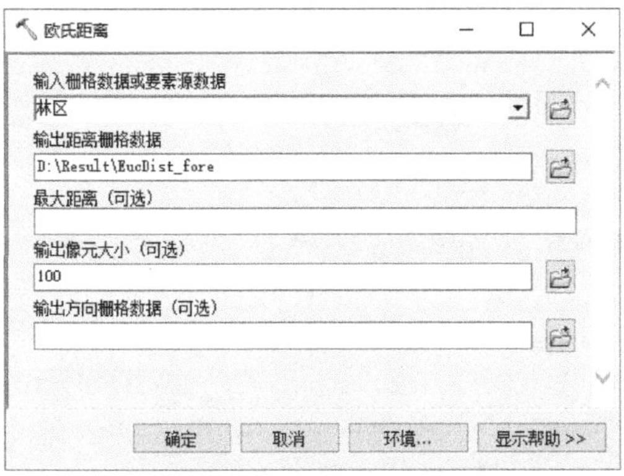

图 4.25　森林欧氏距离

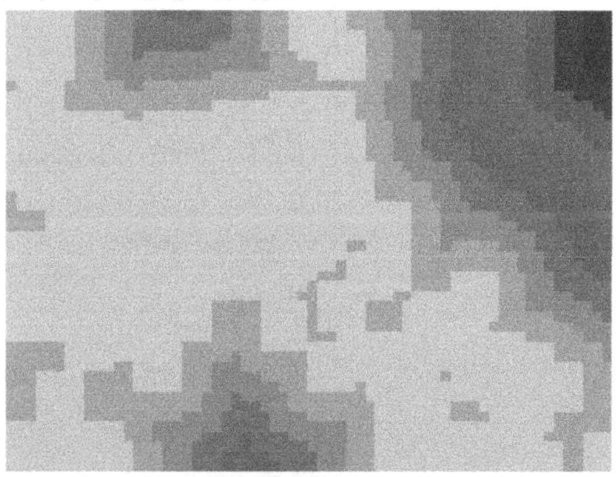

图 4.26　森林欧氏距离结果

(2)森林欧氏距离重分类:在 ArcToolbox 中点击【空间分析】→【重分类】→【重分类】,打开“重分类”窗口,输入森林欧氏距离结果,点击【分类】,打开“分类”窗口;按题目要求选择“手动”分类方法,“类别”选择“5”,“中断值”分别设置为“500”“1000”“1500”“2000”及最大值(图 4.27),点击【确定】后返回“重分类”窗口;点击【对新值取反】,确定输出路径及名称,勾选“将缺失值更改为 NoData(可选)”(图 4.28),点击【确定】,生成森林欧氏距离重分类结果图(图 4.29)。

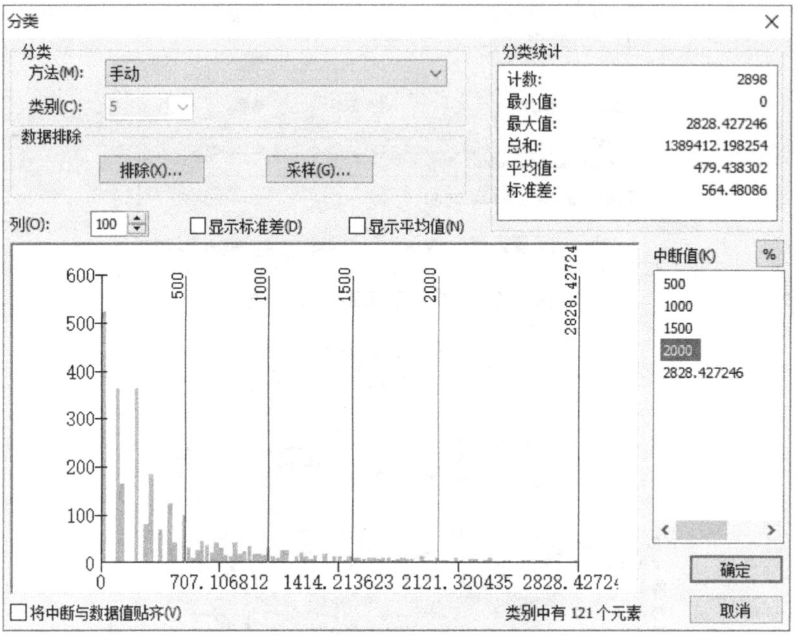

图 4.27 森林欧氏距离分类

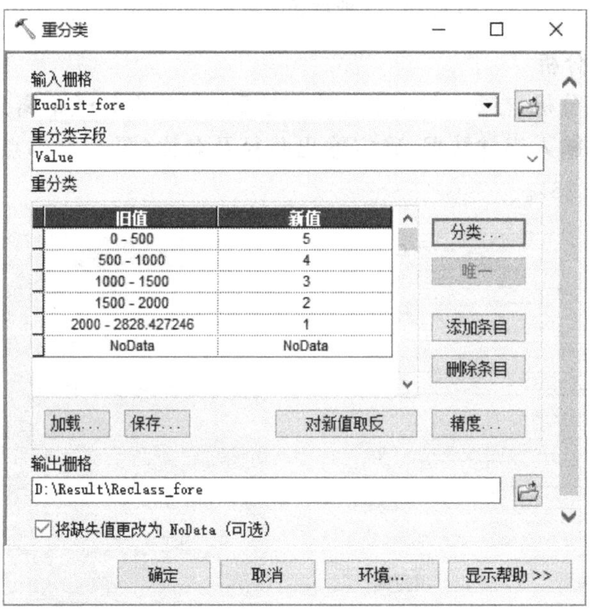

图 4.28 森林欧氏距离重分类

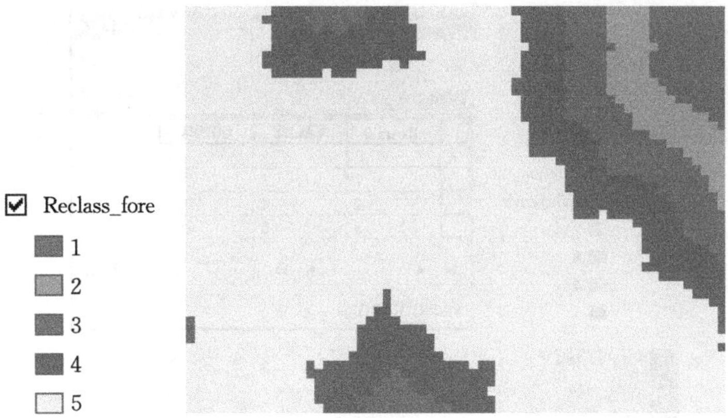

图 4.29　森林欧氏距离重分类结果

4. 环境适宜性分析

在 ArcToolbox 中点击【空间分析】→【叠加分析】→【加权叠加】，分别输入溪流与河流模糊叠加数据、森林重分类数据、工业重分类数据，并按要求分别赋予 41、32、27 权重，确定输出路径及名称(图 4.30)，点击【确定】，生成环境适宜性叠加结果图(图 4.31)。

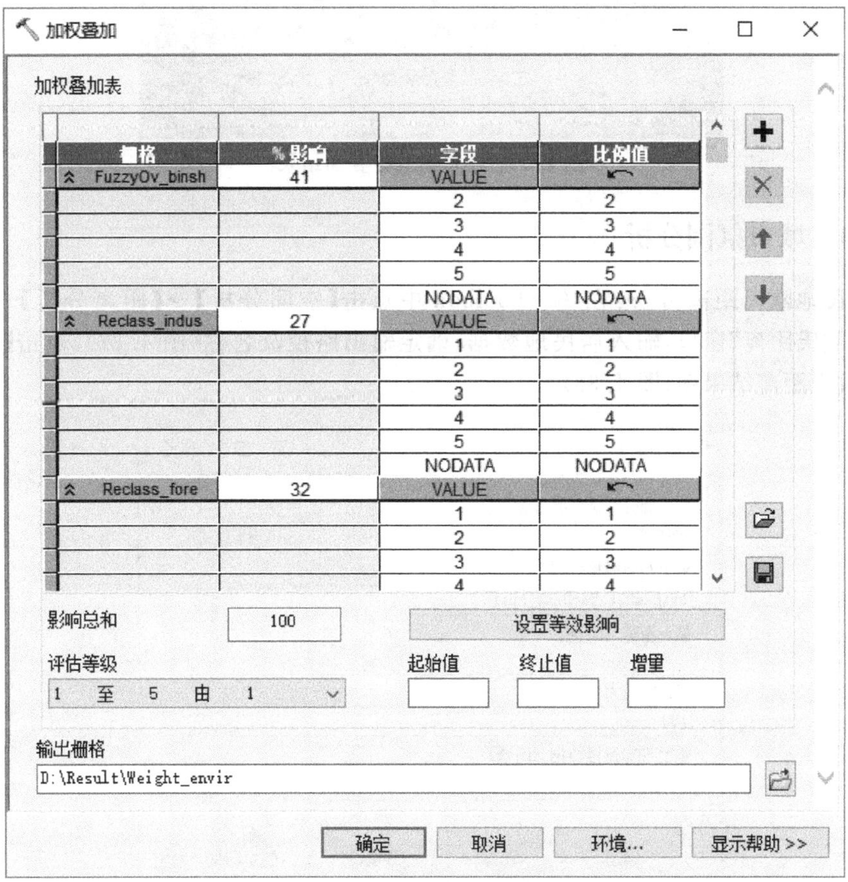

图 4.30　环境适宜性叠加

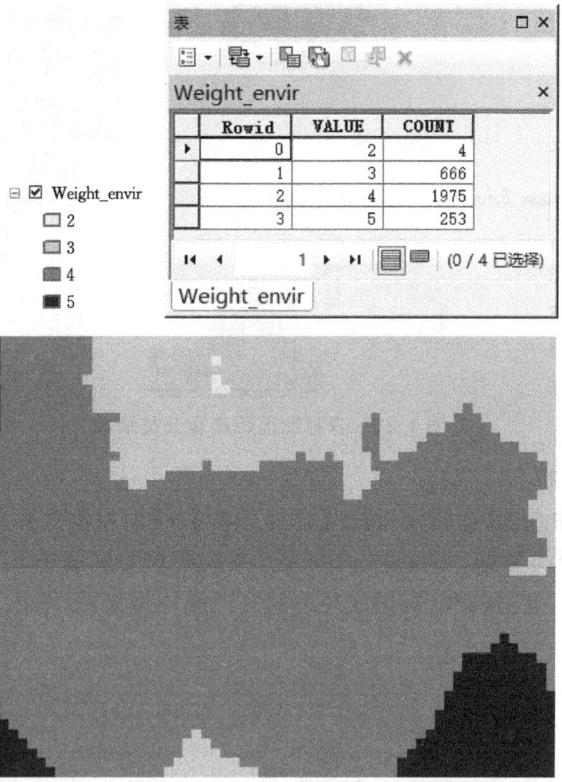

Rowid	VALUE	COUNT
0	2	4
1	3	666
2	4	1975
3	5	253

图 4.31　环境适宜性叠加结果

4.4.4　城市氛围分析

(1)居民地欧氏距离分析：在 ArcToolbox 中点击【空间分析】→【距离分析】→【欧氏距离】，打开“欧氏距离”窗口，输入居民地数据，确定输出路径及名称(图 4.32)，点击【确定】，生成居民地欧氏距离结果图(图 4.33)。

图 4.32　居民地欧氏距离

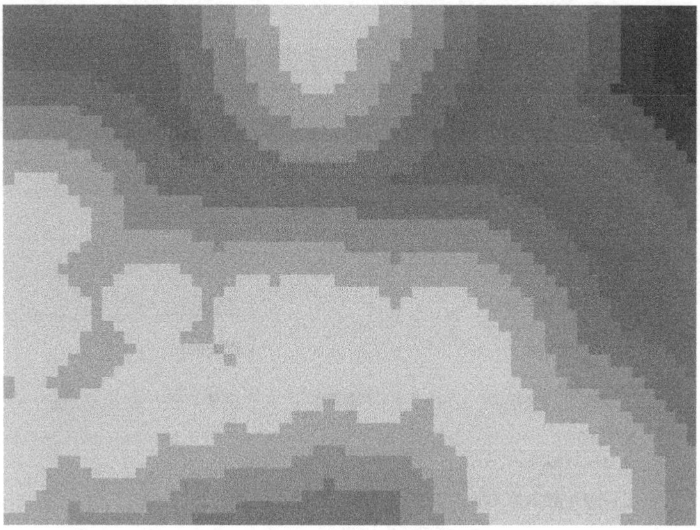

图 4.33　居民地欧氏距离结果

(2)居民地欧氏距离重分类：在 ArcToolbox 中点击【空间分析】→【重分类】→【重分类】，打开“重分类”窗口，输入居民地欧氏距离结果，点击【分类】，打开“分类”窗口；按题目要求选择“手动”分类方法，“类别”选择“5”，“中断值”分别设置为“600”“1200”“1800”“2400”及最大值(图 4.34)，点击【确定】后返回“重分类”窗口；点击【对新值取反】，确定输出路径及名称，勾选“将缺失值更改为 NoData(可选)”(图 4.35)，点击【确定】，生成居民地欧氏距离重分类结果图(图 4.36)。

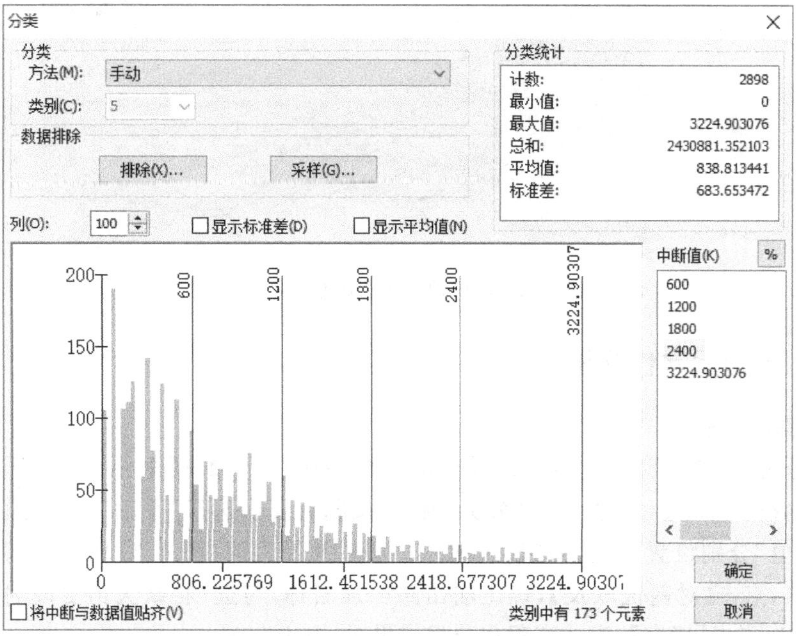

图 4.34　居民地欧氏距离分类

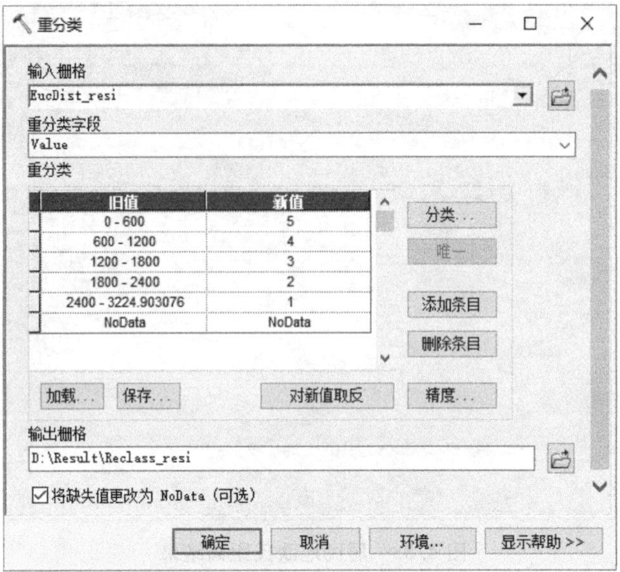

图 4.35　居民地欧氏距离重分类

图 4.36　居民地欧氏距离重分类结果

4.4.5　地形适宜性分析

1. 地形高程分析

高程重分类：在 ArcToolbox 中点击【空间分析】→【重分类】→【重分类】，打开“重分类”窗口，输入高程数据，点击【分类】，打开“分类”窗口；按题目要求选择“手动”分类方法，“类别”选择“5”，“中断值”分别设置为“450”“550”“650”“750”及最大值（图 4.37），点击【确定】后返回“重分类”窗口；点击【对新值取反】，确定输出路径及名称，勾选“将缺失值更改为 NoData（可选）”（图 4.38），点击【确定】，生成高程重分类结果图（图 4.39）。

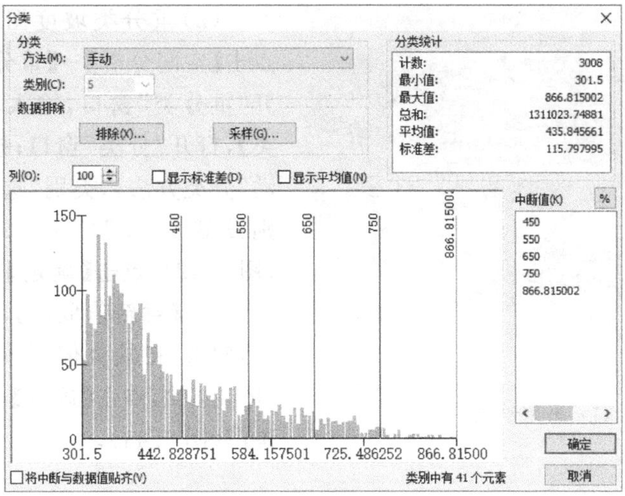

图 4.37　高程分类

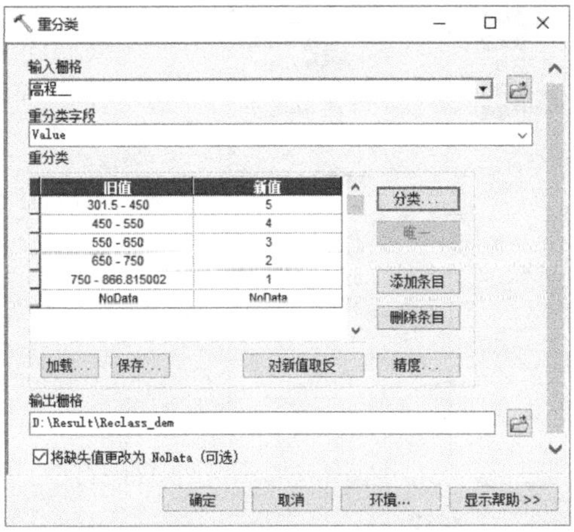

图 4.38　高程重分类

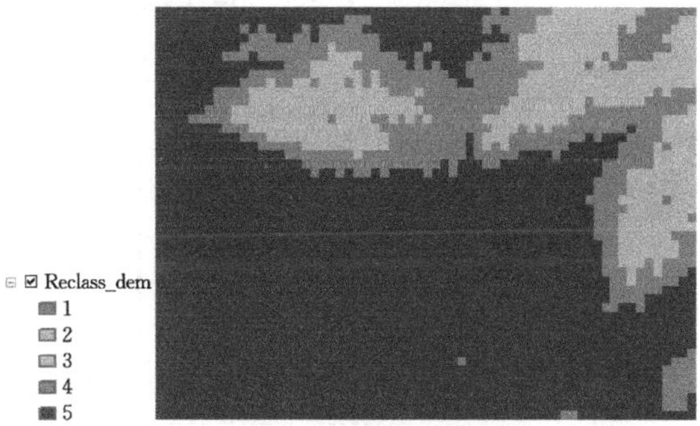

图 4.39　高程重分类结果

2. 地形坡度分析

(1)生成坡度图:在 ArcToolbox 中点击【空间分析】→【表面分析】→【坡度】,打开“坡度”窗口,输入高程数据,确定输出路径及名称(图 4.40),点击【确定】,生成坡度结果图(图 4.41)。

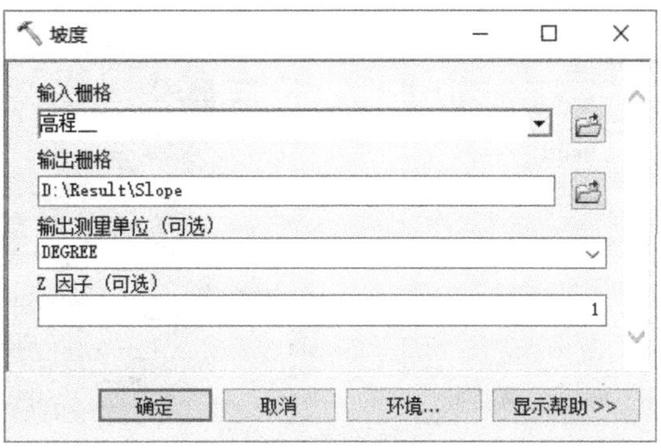

图 4.40　生成坡度

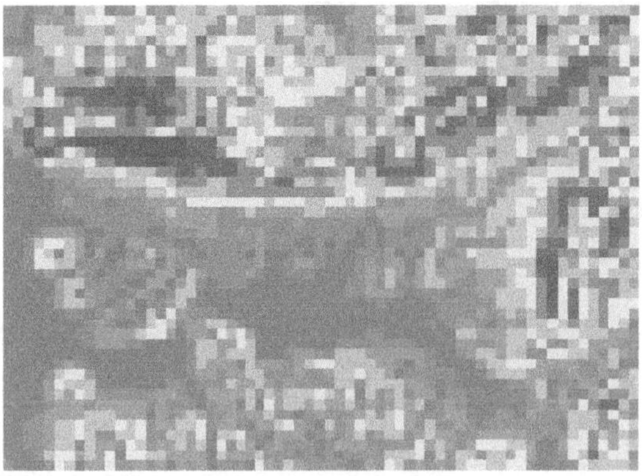

图 4.41　坡度结果

(2)重分类坡度图：在 ArcToolbox 中点击【空间分析】→【重分类】→【重分类】，打开“重分类”窗口，输入坡度数据，点击【分类】，打开“分类”窗口；按题目要求选择“手动”分类方法，“类别”选择“5”，“中断值”分别设置为“8”“16”“24”“32”及最大值(图 4.42)，点击【确定】后返回“重分类”窗口；点击【对新值取反】，确定输出路径及名称，勾选“将缺失值更改为 NoData(可选)”(图 4.43)，点击【确定】，生成坡度重分类结果图(图 4.44)。

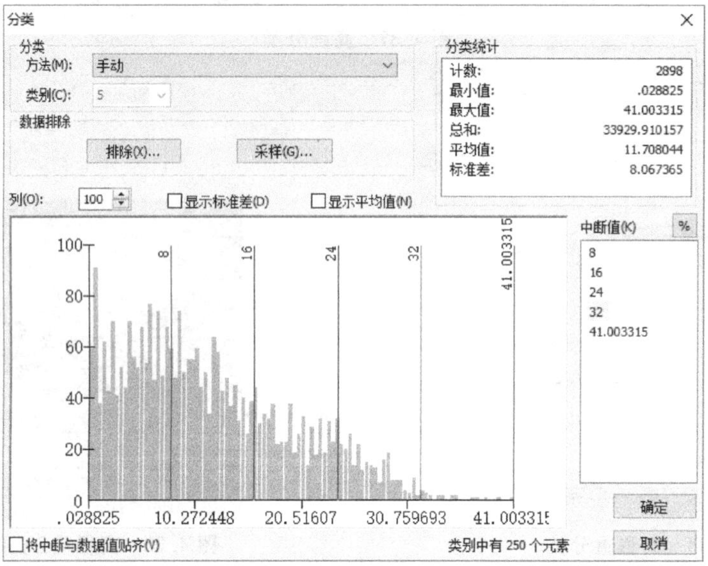

图 4.42　坡度分类

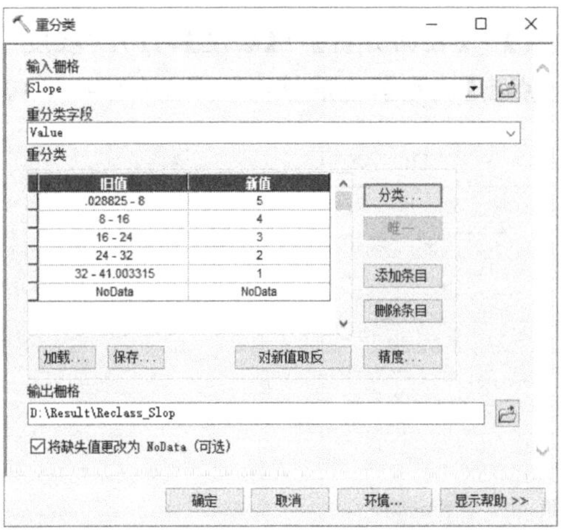

图 4.43　坡度重分类

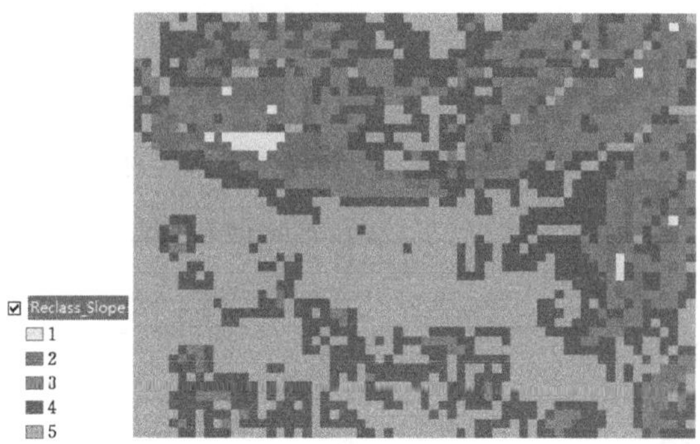

图 4.44　坡度重分类结果

3. 地形适宜性分析

在 ArcToolbox 中点击【空间分析】→【叠加分析】→【加权叠加】，分别输入坡度、高程重分类数据，并按要求分别赋予“50”“50”权重，确定输出路径及名称(图 4.45)，点击【确定】，生成地形适宜性叠加结果图(图 4.46)。

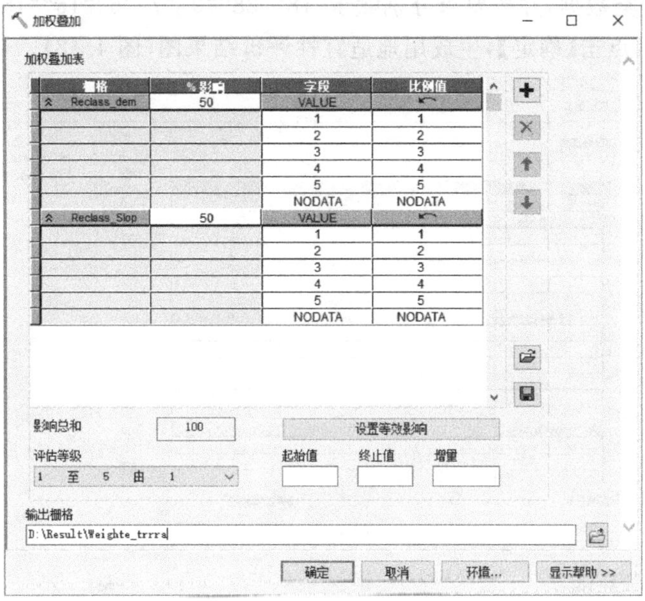

图 4.45　地形适宜性叠加

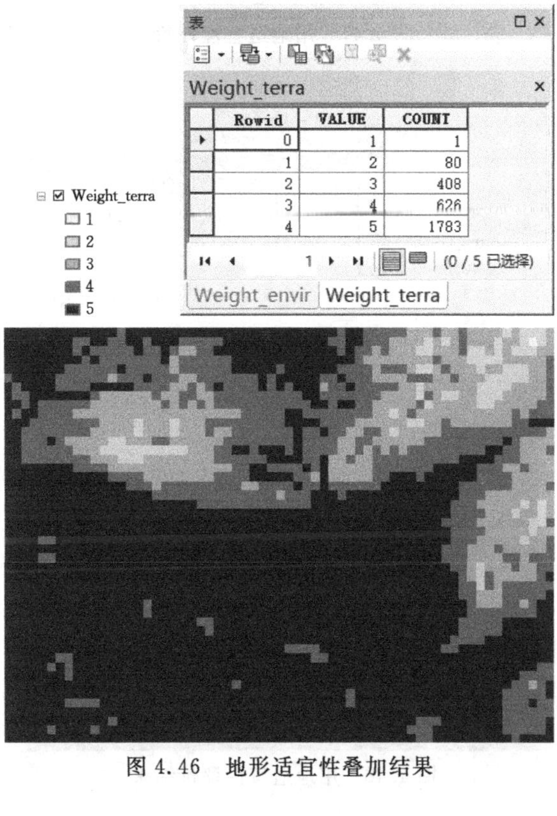

图 4.46　地形适宜性叠加结果

4.4.6 用地适宜性分析

在 ArcToolbox 中点击【空间分析】→【叠加分析】→【加权叠加】，分别输入居民地重分类数据、道路重分类数据、溪流与河流模糊叠加数据、森林重分类数据、工业重分类数据、坡度重分类数据、高程重分类数据，并按要求分别赋予“18”“28”“9”“7”“6”“16”“16”权重，确定输出路径及名称(图 4.47)，点击【确定】，生成用地适宜性评价结果图(图 4.48)。

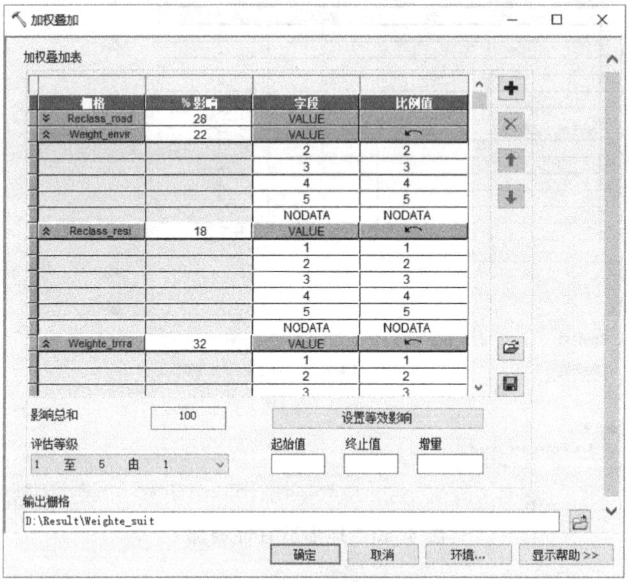

图 4.47 用地适宜性评价

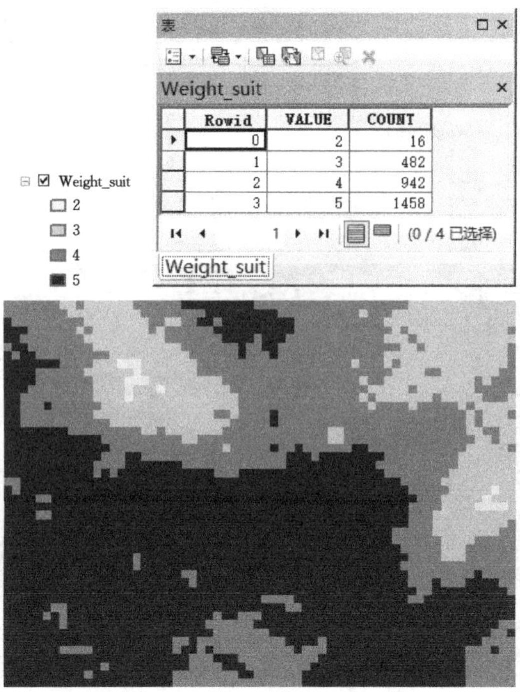

图 4.48 用地适宜性评价结果

4.4.7　制作专题图

(1)要素渲染:点击地图窗口右下角的布局视图,进入布局视图。右键点击“Weight_suit”图层,打开“图层属性”对话框,选择“符号系统”选项卡,“类别”设为 4,选择色带(图 4.49),点击【确定】,完成要素渲染设置。

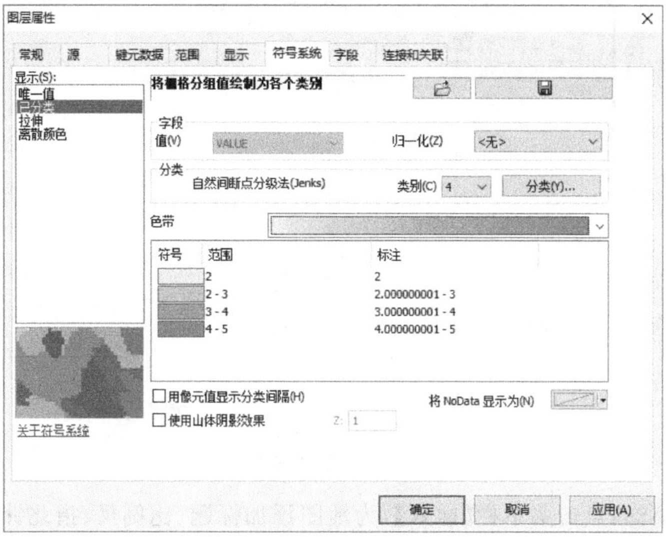

图 4.49　要素渲染

(2)设置纸张大小:点击菜单栏【文件】→【页面和打印设置】,“方向”设置为“横向”,设置合适的高度和宽度(图 4.50)。

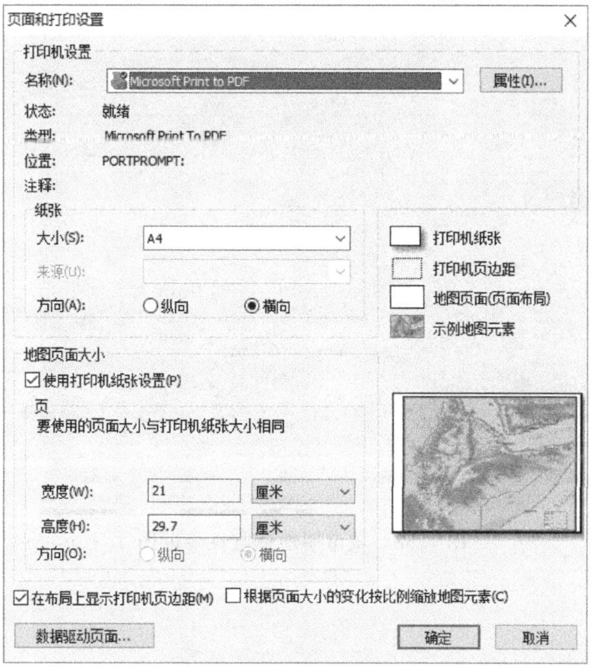

图 4.50　设置纸张大小

(3)添加格网:点击菜单栏【视图】→【数据框属性】→【格网】,点击【新建格网】,选择“方里格网:将地图分割为一个地图单位格网”,然后按照提示完成格网的创建(图 4.51)。

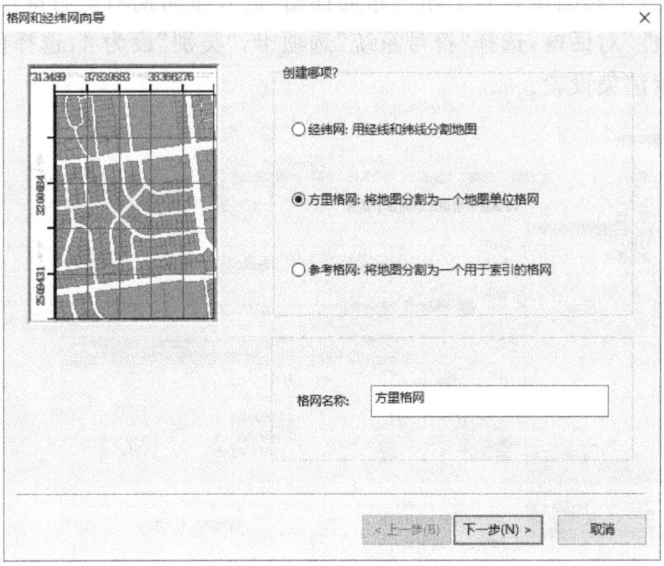

图 4.51 添加格网

(4)添加地图整饰:点击菜单栏【插入】,为地图添加标题、比例尺、指北针和比例尺等要素。

(5)导出地图:点击菜单栏【文件】→【导出地图】,导出专题图(图 4.52)。

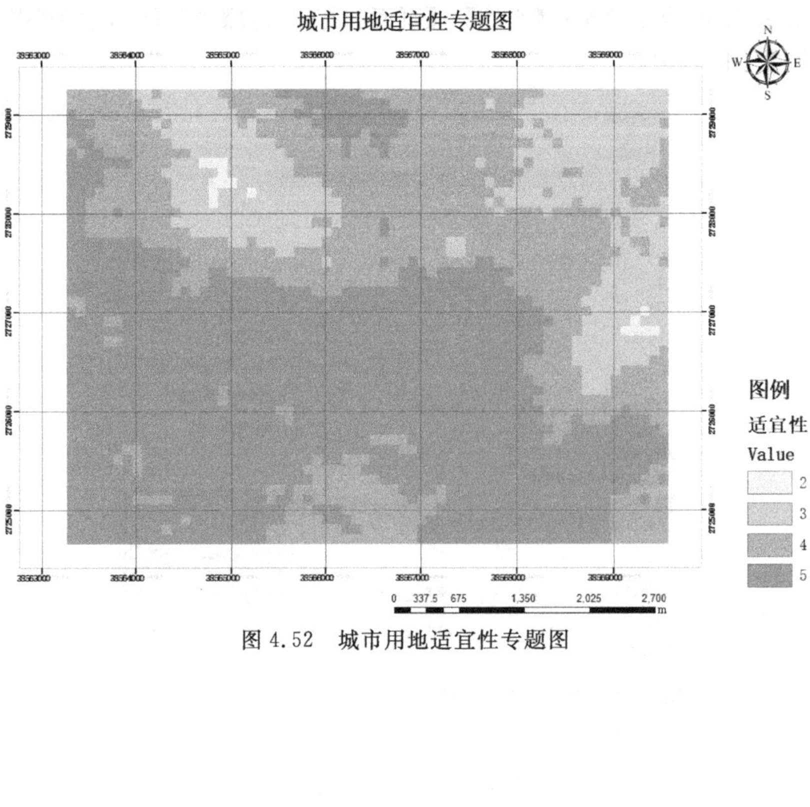

图 4.52 城市用地适宜性专题图

实验五　土地整治

土地整治是指在一定的区域内，按照土地利用总体规划确定的目标和用途，采取工程和生物措施，以农用地为主要对象，同时视区域内居民点、工矿废弃地和未利用地等适宜性情况而进行综合整治，并以增加耕地面积、提高耕地质量、建设高标准基本农田为目的，改善农村生产、生活条件与生态环境的活动。土地整治实质是合理组织土地利用。我国于 20 世纪 90 年代后期提出并开始实施土地整治，它在提高农业综合生产能力、加快农业现代化、推进工业化和城镇化进程及实现城乡统筹发展等方面发挥了重要作用。

5.1　实验内容及目的

5.1.1　实验内容

本实验利用 GIS 空间数据管理与分析功能，按照土地整治要求，求解某流域需要开展土地整治的土地面积，然后按照土地整治要求，利用 GIS 水文分析工具、区域统计工具，求出该流域需要开展土地整治的各类土地的面积，并进行土地整治成本计算。具体内容如下：

(1)根据提供的数字高程模型数据给出沟谷线(汇流累积量≥100 的区域为沟谷线)。

(2)基于沟谷线提取流域出水口大概位置数据并给出该流域的范围。

(3)按照实验要求，该流域开展土地整治的流域需要同时满足以下三个条件：坡度大于等于 10°、海拔小于等于 300 m、在沟谷线 500 m 范围内。请给出该流域需要开展土地整治的面积，并编制专题地图。

(4)不同土地利用类型开展土地整治的成本有所差异，请计算该流域需要整治的各类土地利用类型的面积(单位为公顷，保留两位小数)及费用(万元，整数)，并将结果填写到相应表 5.1 中。

表 5.1　某流域土地整治费用预算

土地利用类型	面积/公顷	预算/万元
耕地		
林地		
草地		
水域		
城乡、工矿、居民用地		
未利用土地		
湿地		
总计		

5.1.2　实验目的

(1)了解基于数字高程模型(DEM)水文分析的基本原理。

(2)掌握基于沟谷线提取出水口的常用方法。

(3)掌握栅格数据叠置分析,掌握栅格计算器的正确使用,掌握满足土地整治适宜区的提取。

(4)掌握 ArcGIS 中区域统计的方法。

5.2 数据说明

土地整治涉及的数据包括土地利用类型数据、数字高程模型数据。除此之外还需要知道土地整治区域不同土地利用类型的整治成本信息。相关说明如表 5.2、表 5.3 所示。

数据文件夹为 D:\Data。

表 5.2 数据说明

路径	文件名称	格式	说明
\Data	landuse	.img	覆盖该流域的土地利用类型数据
\Data	elevationdem_	.img	覆盖该流域的数字高程模型数据

表 5.3 某流域不同土地利用类型的整治成本

土地利用类型	成本/(万元/公顷)
耕地(Agriculture)	0.7
林地(Forest)	0.1
草地(Brush/transitional)	0.2
水域(Water)	0.5
城乡、工矿、居民用地(Built up)	1.2
未利用土地(Barren land)	2.5
湿地(Wetlands)	0.3

5.3 实验方案

提取地表水流网络是 DEM 水文分析的主要内容之一。实验采用地表径流漫流模型:首先,对 DEM 进行填洼,以减少水流方向的误差;在无洼地 DEM 上利用最大坡降法得到每一个栅格的水流方向;然后依据自然水流从高处往低处流的自然规律,计算出每一个栅格水流方向上的汇流累积量。基于上述思想,汇流量大于临界值的相应栅格就是潜在的水流路径,由这些水流路径构成的网络称为河网,最后将河网进行矢量化。

由于缺少出水口数据,在提取流域范围之前,先提取出水口。在这里将河网看作树,树的枝干就是溪流的通道,两个溪流通道的交点被视为出水口。用流向数据和绘制的出水口数据提取分水岭,作为流域范围。

基于 DEM 数据提取出坡度适宜区和海拔适宜区,根据求取的沟谷适宜范围,三者求交即为土地整治范围。土地整治流程如图 5.1 所示。

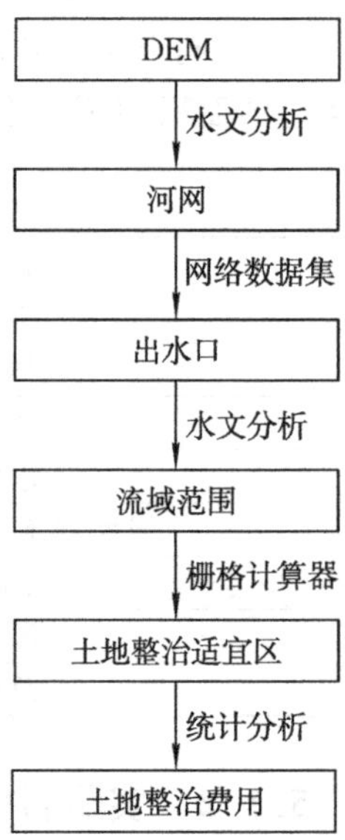

图 5.1 土地整治流程

5.4　操作流程

5.4.1　环境设置

在 ArcMap 主菜单中点击【地理处理】→【环境设置】,设置工作空间和处理范围与 DEM 相同、空间分析栅格像元大小与 DEM 相同等,环境设置如图 5.2 所示。

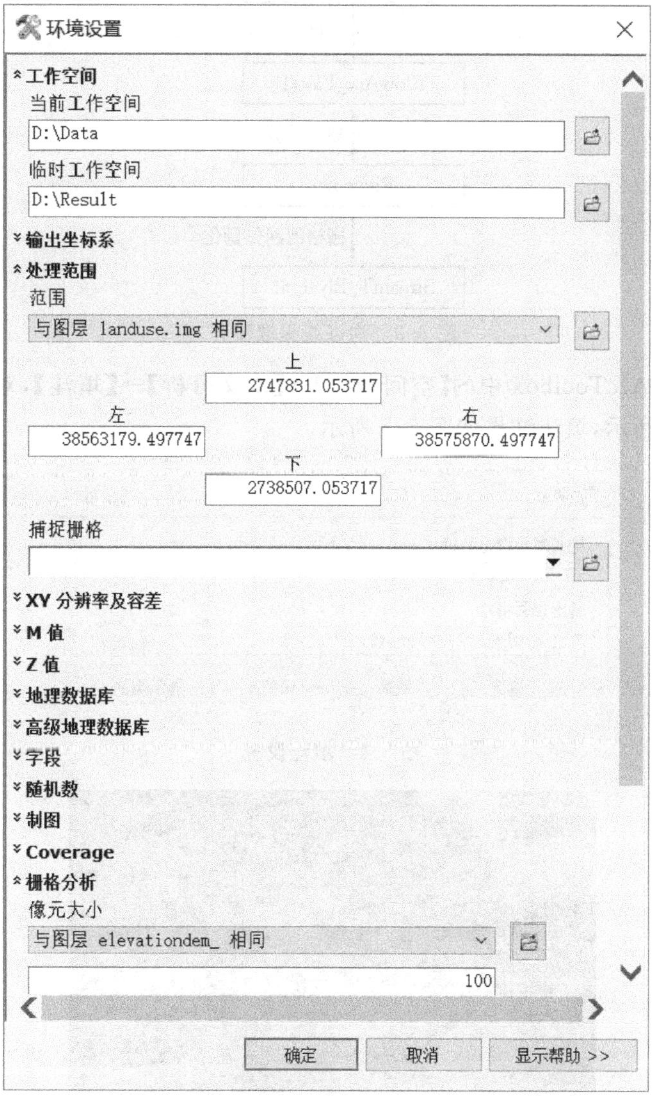

图 5.2　环境设置

5.4.2　提取河网

利用已知的 DEM 数据,进行水文分析,提取流向、汇流累积量,然后按照一定的阈值提取出相应的汇流累积量,即为河网,将栅格河网转为矢量形式,从而得到矢量河网分布图。沟谷线提取流程如图 5.3 所示。

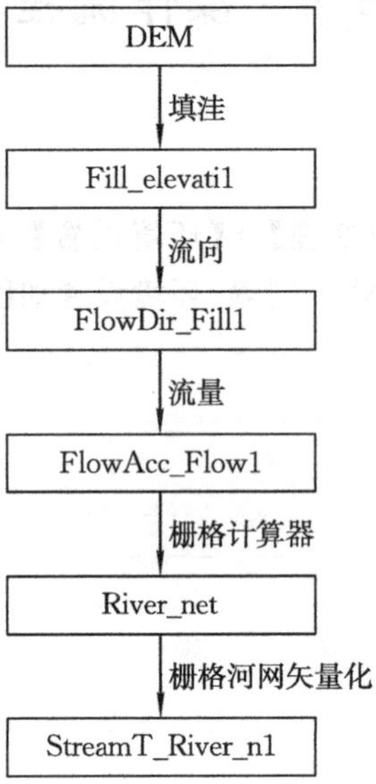

图 5.3 沟谷线提取流程

(1)填洼:点击 ArcToolbox 中的【空间分析】→【水文分析】→【填洼】,对 DEM 进行填洼,填洼设置如图 5.4 所示,填洼结果如图 5.5 所示。

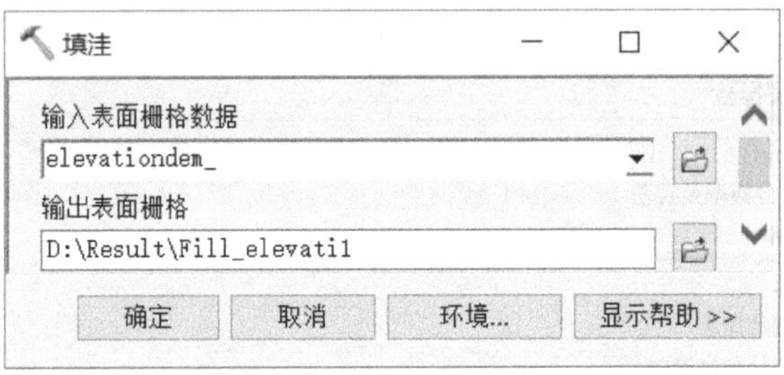

图 5.4 填洼设置

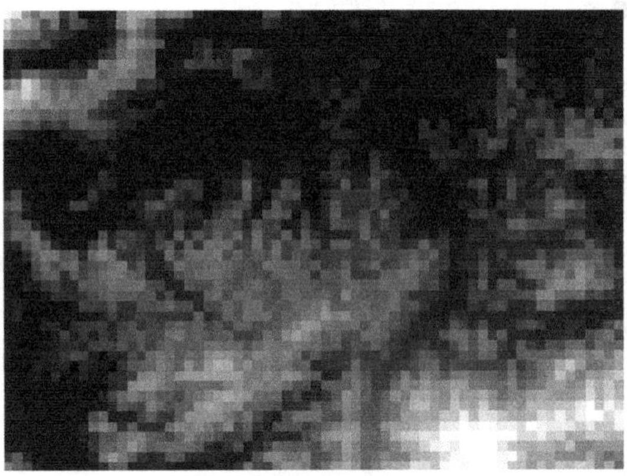

图 5.5 填洼结果

(2)流向提取:点击 ArcToolbox 中的【空间分析】→【水文分析】→【流向】,利用流向栅格数据提取流向数据,流向设置如图 5.6 所示。

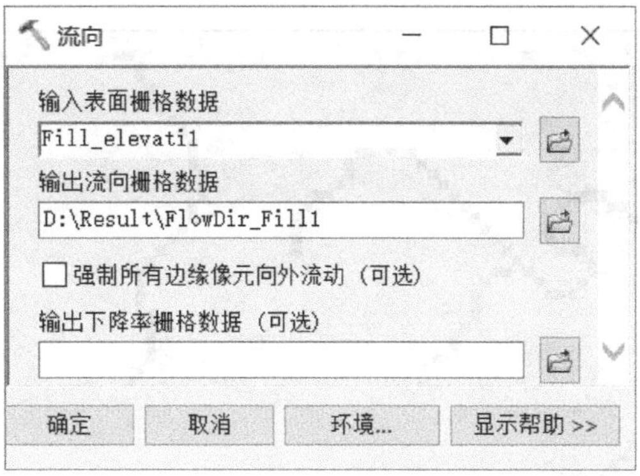

图 5.6　流向设置

(3)流量计算：点击 ArcToolbox 中的【空间分析】→【水文分析】→【流量】，利用流向栅格数据提取流量数据，流量设置如图 5.7 所示，流量结果如图 5.8 所示。

图 5.7　流量设置

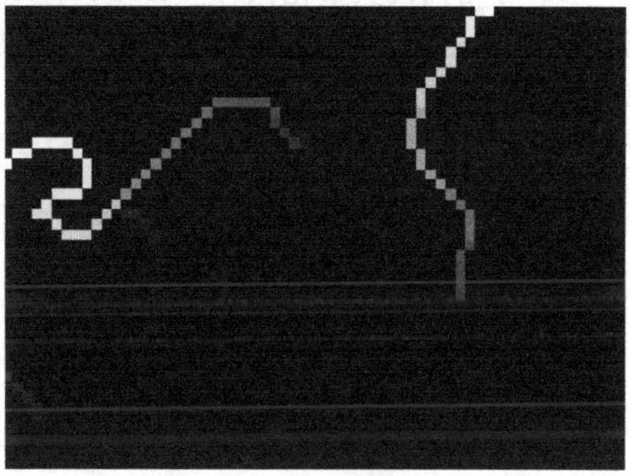

图 5.8　流量结果

(4)河网提取：在 ArcToolbox 中点击【空间分析】→【地图代数】→【栅格计算器】，输入表达式如图 5.9 所示，提取阈值范围内的汇流累积量即为栅格河网，栅格河网结果如图 5.10 所示。

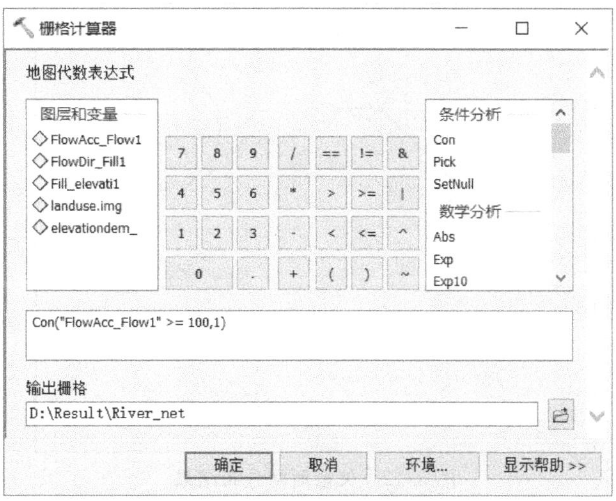

图 5.9　按阈值提取汇流累积量

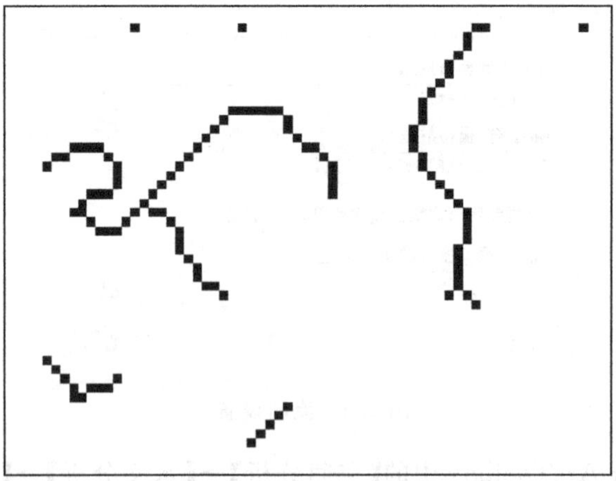

图 5.10　栅格河网结果

(5)栅格河网矢量化:点击 ArcToolbox 中的【空间分析】→【水文分析】→【栅格河网矢量化】,输入栅格河网数据,提取出矢量河网,提取矢量河网设置如图 5.11 所示,矢量河网分布结果如图 5.12 所示。

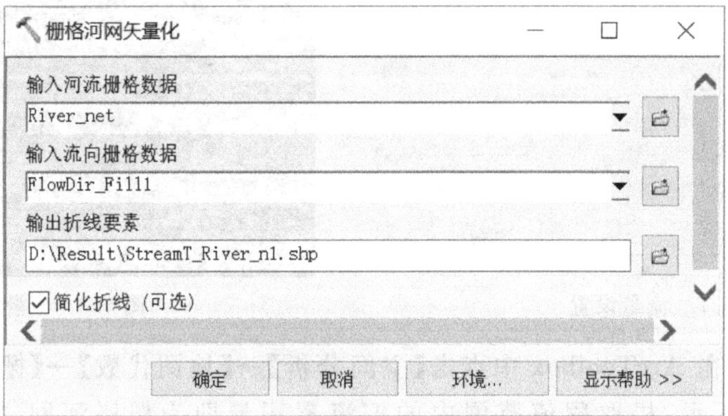

图 5.11　提取矢量河网设置

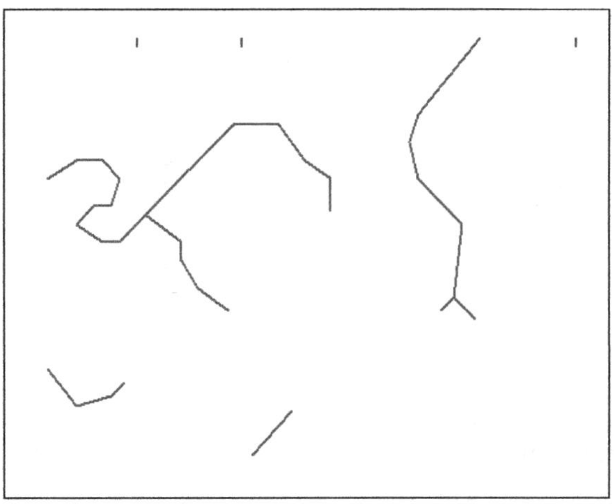

图 5.12　矢量河网分布结果

5.4.3　提取出水口数据及流域范围

出水口的位置通过从河网结构中提取河网中河段与河段的交点，也就是利用河网之间相交的拓扑关系来确定。在此基础上结合前面求出的流向数据，分析搜索出该出水点上游所有流过该出水口的栅格，直到搜索至流域的边界为止。出水口及流域范围提取流程如图 5.13 所示。

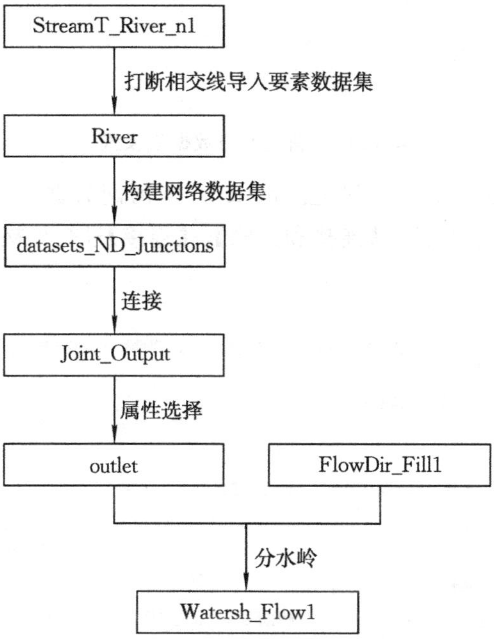

图 5.13　出水口及流域范围提取流程

(1)启动开始编辑，选中所有河网，点击高级编辑工具的按钮将线要素从相交处打断，打断相交线设置如图 5.14 所示。

(2)在目录下，新建文件数据库 filebase.gdb 和要素数据集 datasets，坐标系与矢量河网一致，导入矢量河网，设置如图 5.15 所示。点击右键选择【新建网络数据集】，然后界面设置如图 5.16 所示。

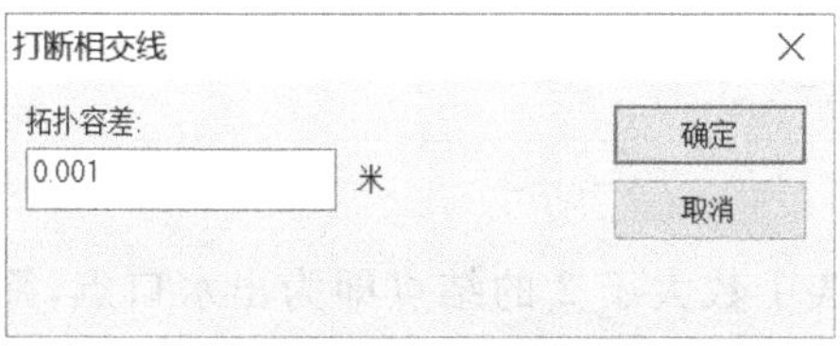

图 5.14　打断相交线设置

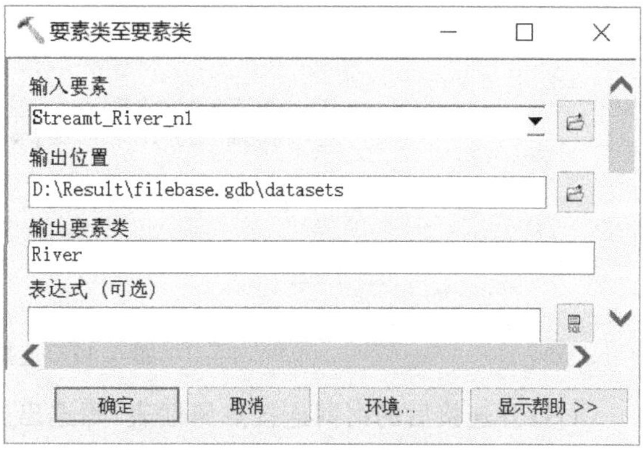

图 5.15　导入矢量河网

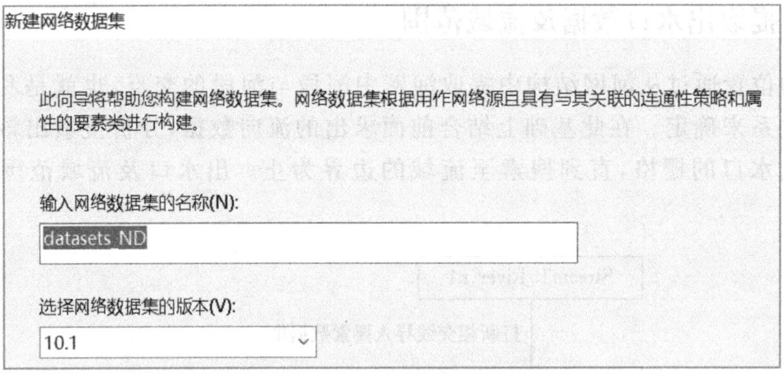

图 5.16 新建网络数据集设置

(3)将生成的结点数据“datasets_ND_Junctions”与河网数据“River”进行连接，右键点击“datasets_ND_Junctions”图层，点击【连接和关联】→【连接】进行连接设置，如图 5.17 所示。

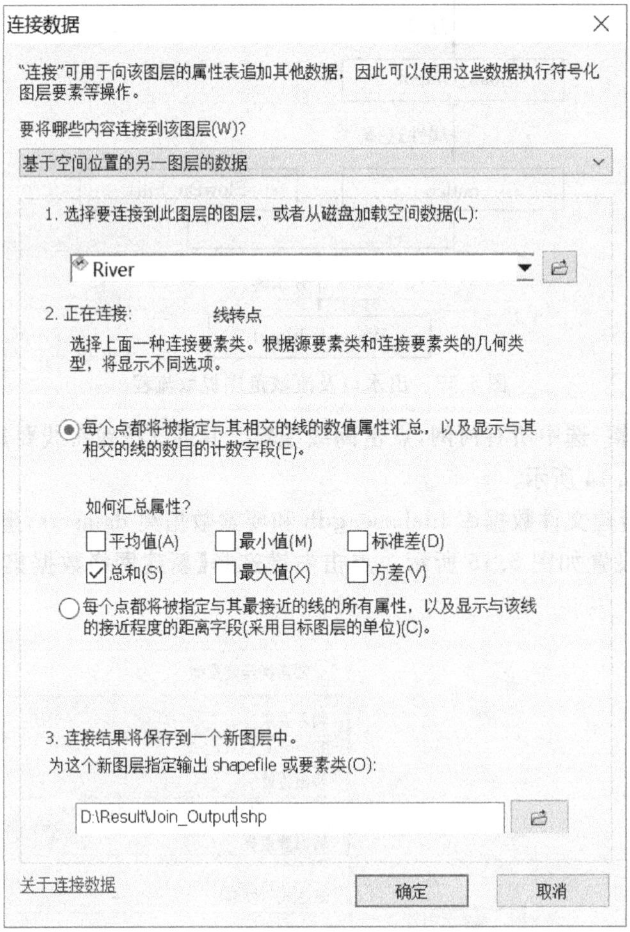

图 5.17 连接设置

(4)打开连接后的河网连接点属性表，筛选出连接线个数大于 2 的结点即为出水口点，筛选设置如图 5.18 所示，筛选结果输出如图 5.19 所示。

图 5.18　筛选设置

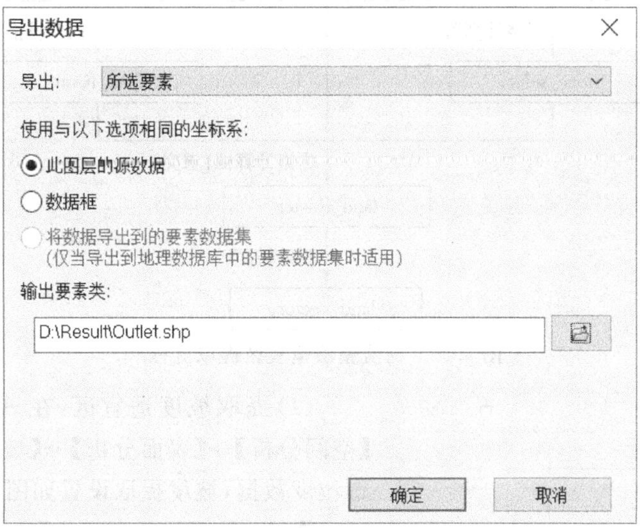

图 5.19　筛选结果输出

(5)流域范围:点击 ArcToolbox 中的【空间分析】→【水文分析】→【分水岭】,输入流向栅格数据和出水口数据,提取流域范围。生成流域范围设置如图 5.20 所示,流域范围结果如图 5.21 所示。

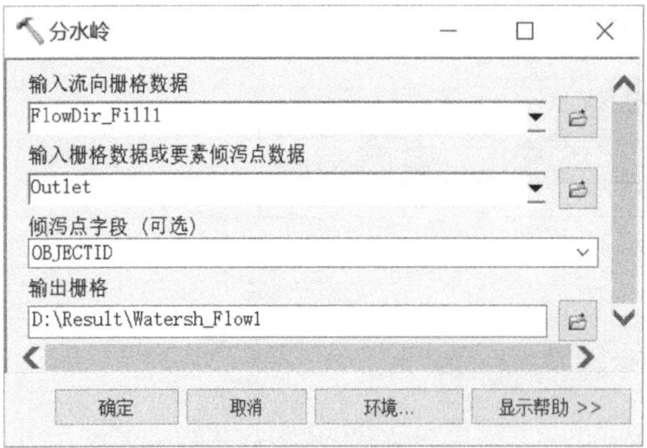

图 5.20　生成流域范围设置

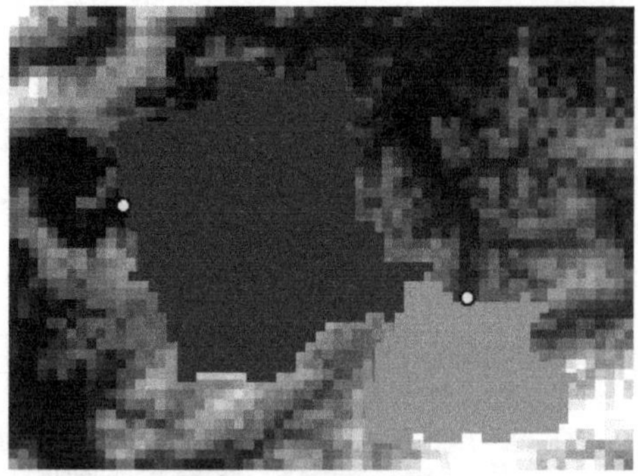

图 5.21　流域范围结果

图 5.21 中圆形出水口点表示根据河网提取出来的出水口，划分的值为流域范围的值。

5.4.4　河流整治适宜区提取

首先通过求取水平面与地形面之间的夹角获取坡度，并利用栅格计算器，设定满足条件的坡度为真，提取适宜的坡度范围。然后求取沟谷线缓冲区。再利用栅格计算器，提取适宜的高程范围。最后求交，得到符合条件的栅格化土地整治适宜区。河流整治适宜区提取流程如图 5.22 所示。

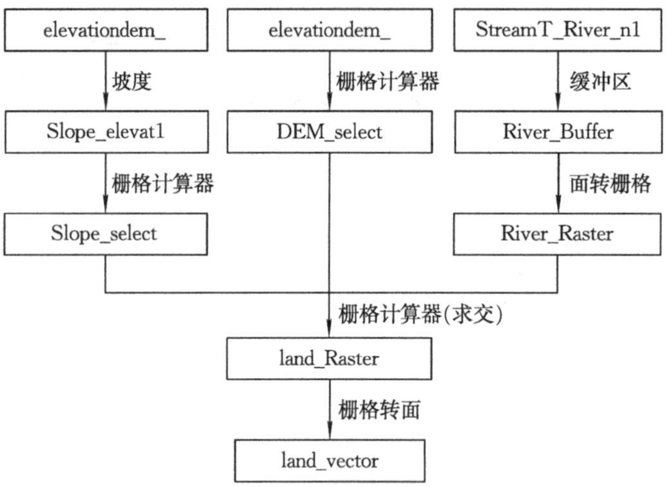

图 5.22　河流整治适宜区提取流程

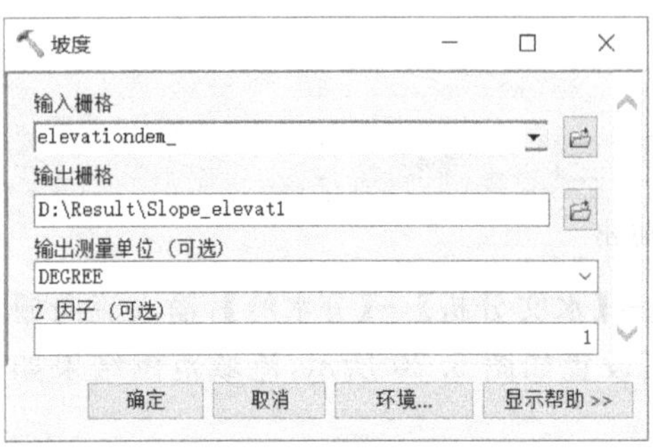

图 5.23　坡度提取设置

(1)提取坡度适宜区：在 ArcToolbox 中点击【空间分析】→【表面分析】→【坡度】，输入 DEM 获得坡度数据，坡度提取设置如图 5.23 所示。

在 ArcToolbox 中点击【空间分析】→【地图代数】→【栅格计算器】，输入表达式如图 5.24 所示，提取出坡度适宜范围。

(2)提取海拔适宜范围：在 ArcToolbox 中点击【空间分析】→【地图代数】→【栅格计算器】，输入表达式如图 5.25 所示，提取出海拔适宜范围。

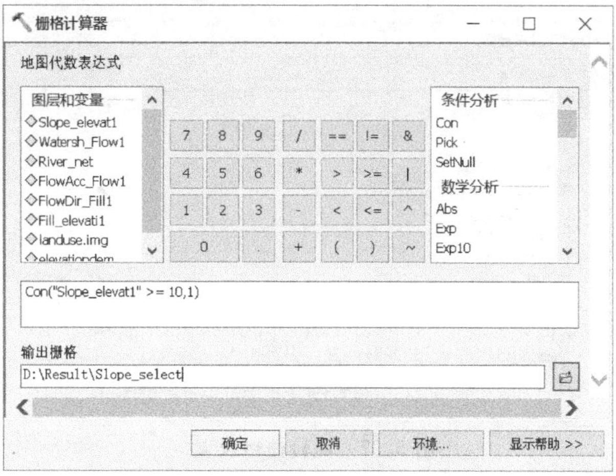

图 5.24　坡度适宜区提取设置

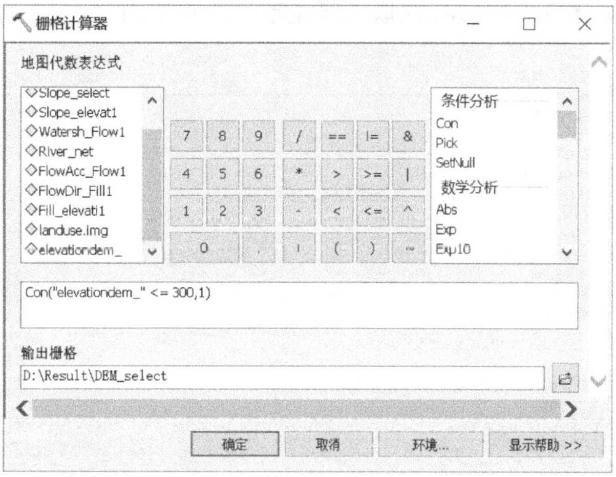

图 5.25　提取海拔适宜区设置

(3)提取沟谷适宜范围：在 ArcToolbox 中点击【分析工具】→【领域分析】→【缓冲区】，输入矢量沟谷网数据。缓冲区提取设置如图 5.26 所示。

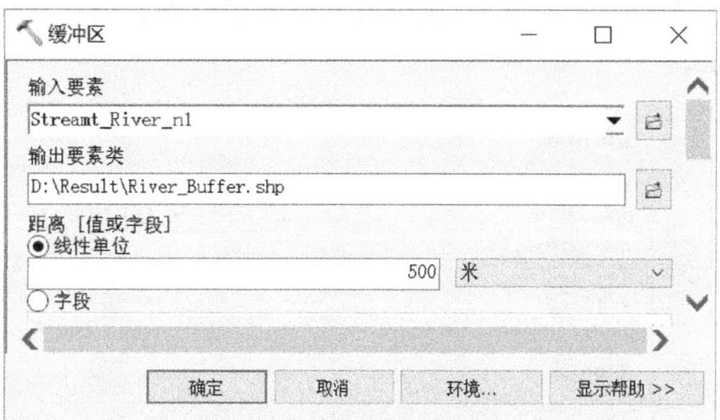

图 5.26　缓冲区提取设置

在 ArcToolbox 中点击【转换工具】→【转为栅格】→【面转栅格】，输入数据为沟谷线缓冲区数据。面转栅格设置如图 5.27 所示。

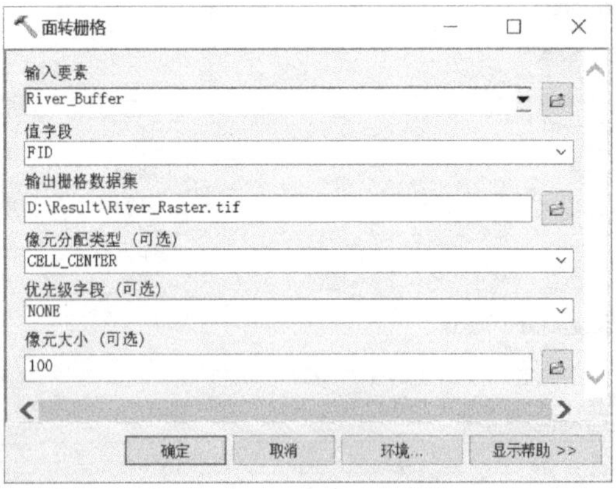

图 5.27　面转栅格设置

(4)提取河流整治适宜区范围：在 ArcToolbox 中点击【空间分析】→【地图代数】→【栅格计算器】，输入表达式如图 5.28 所示，提取出河流整治适宜范围。

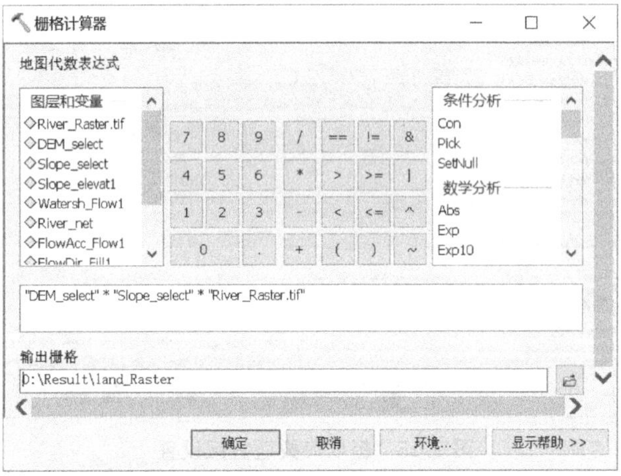

图 5.28　提取整治适宜区设置

(5)将得到的整治适宜区转为矢量格式：在 ArcToolbox 中点击【转换工具】→【由栅格转出】→【栅格转面】，输入整治区范围数据，获得矢量整治区范围。栅格转矢量设置如图 5.29 所示，结果如图 5.30 所示。

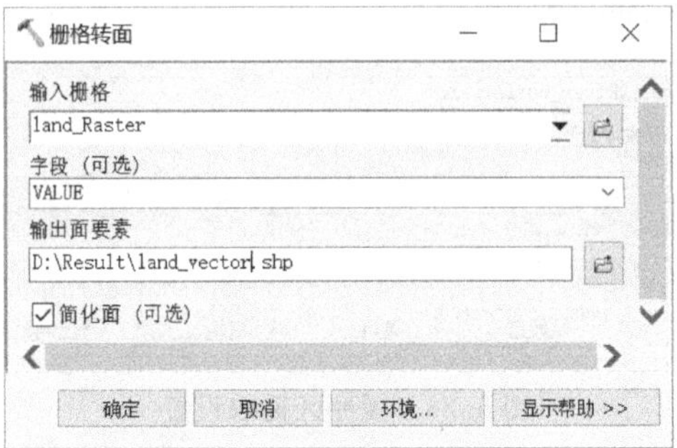

图 5.29　栅格转矢量设置

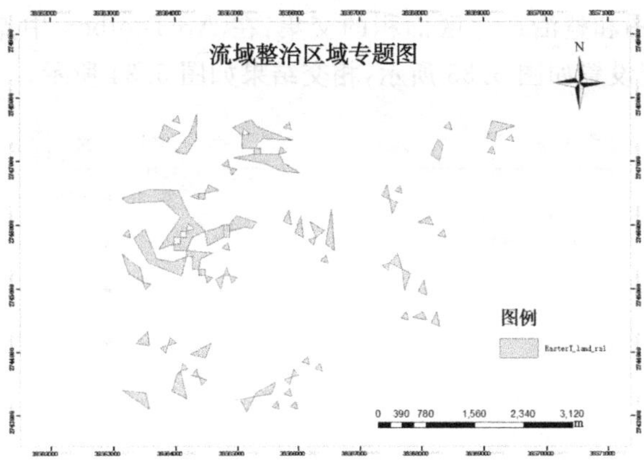

图 5.30　矢量整治区专题图示例

5.4.5　计算整治区面积及费用

将矢量整治区与土地利用类型进行相交处理，得到各类型土地需要整治的面积，根据土地整治费用表计算整治费用。

(1)将土地利用分类图转为矢量格式：在 ArcToolbox 中点击【转换工具】→【由栅格转出】→【栅格转面】，栅格转面设置如图 5.31 所示，结果如图 5.32 所示。

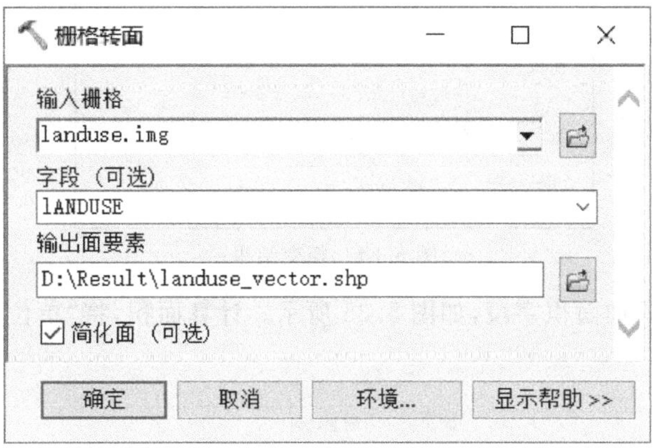

图 5.31　栅格转面设置

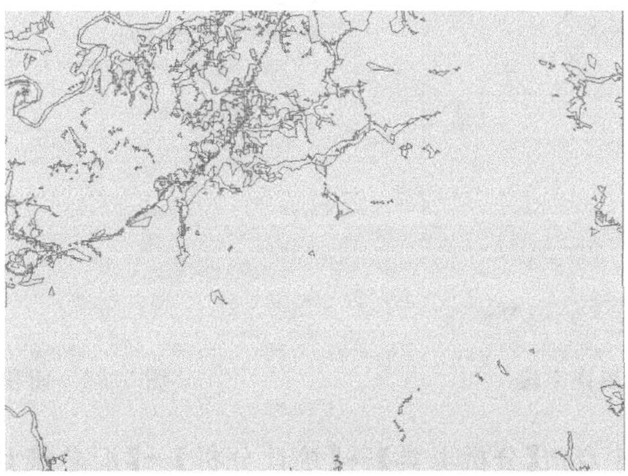

图 5.32　土地利用矢量格式

(2)求取土地利用图和整治适宜区面积的交集：在 ArcToolbox 中点击【分析工具】→【叠加分析】→【相交】，相交设置如图 5.33 所示，相交结果如图 5.34 所示。

图 5.33 相交设置

图 5.34 相交结果

(3)打开属性表，添加面积字段，如图 5.35 所示。计算面积，将“单位”设置为“公顷”，设置如图 5.36 所示。

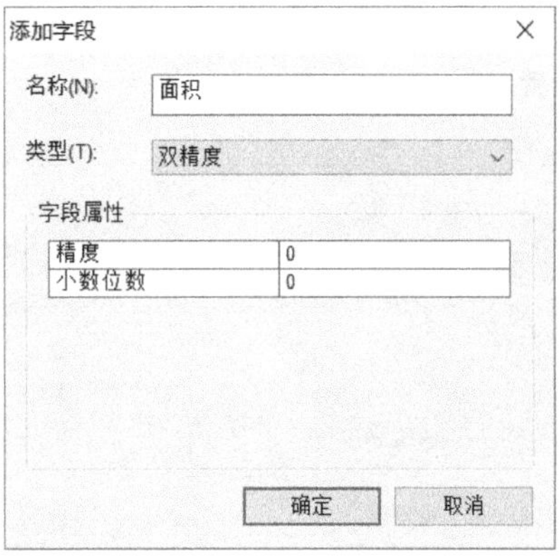

图 5.35 添加属性字段

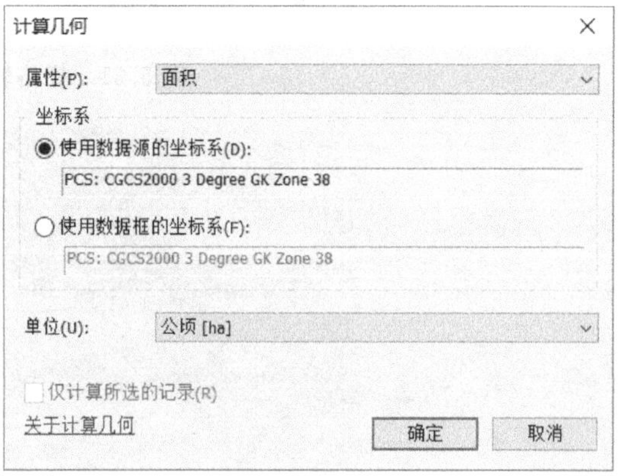

图 5.36 面积计算

(4)在 ArcToolbox 中点击【分析工具】→【统计分析】→【汇总统计数据】，“字段”设置为“面积”，“统计类型”设置为“SUM”，“案例分组字段(可选)”选择“LANDUSE”，汇总统计数据设置如图 5.37 所示，统计结果如图 5.38 所示。

图 5.37　汇总统计数据设置

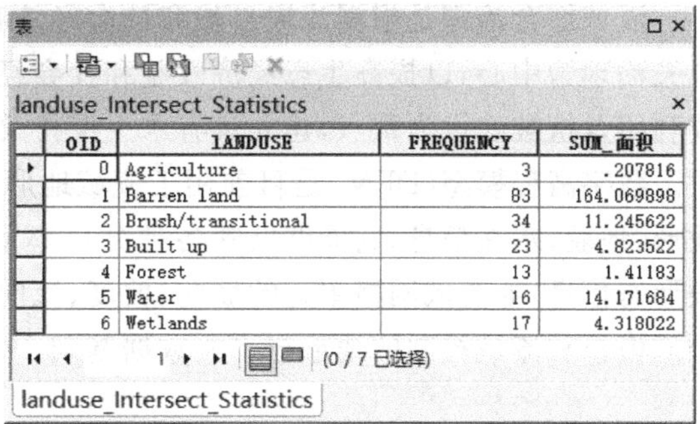

图 5.38　统计结果

(5)导出统计表：在 ArcToolbox 中点击【转换工具】→【Excel】→【表转 Excel】，输入统计结果。表转 Excel 设置如图 5.39 所示。

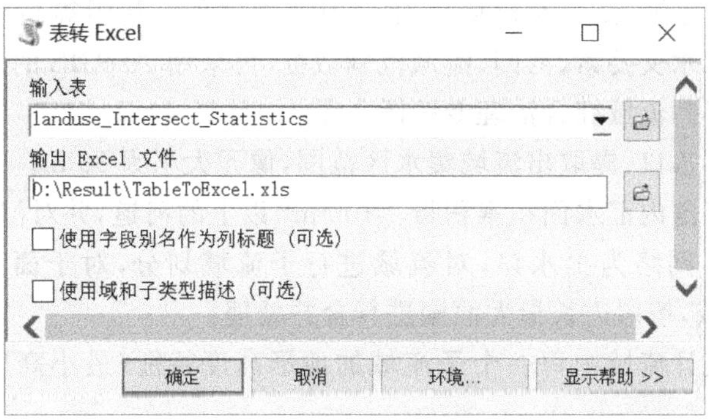

图 5.39　表转 Excel 设置

(6)计算土地整治费用，按实验中要求，在 Excel 表中利用函数计算土地整治费用，结果如表 5.4 所示。

表 5.4　某流域土地整治费用预算

土地利用类型	面积/公顷	预算/万元
耕地	0.21	0.15
林地	1.41	0.14
草地	11.25	2.25
水域	14.17	7.09
城乡、工矿、居民用地	4.82	5.78
未利用土地	164.07	410.18
湿地	4.32	1.30
总计	200.25	426.89

实验六　流域综合治理

流域综合治理是根据流域自然和社会经济状况及区域国民经济发展的要求，以流域水土流失治理为中心，以提高生态经济效益和社会经济持续发展为目标，以基本农田优化结构和高效利用及植被建设为重点，建立具有水土保持兼高效生态经济功能的半山区流域综合治理模式。数字高程模型(DEM)是目前用于流域地形分析的主要数据。DEM 数据中包含了丰富的地形、地貌、水文信息，它能够反映各种分辨率下的地形特征。通过 DEM 可以提取精准的地表形态信息，如流域网格单元的坡向、坡度、流向、汇流区域及单元格之间的关系等，它是进行径流模拟和流域控制的地形与水文数据基础。

6.1　实验内容及目的

6.1.1　实验内容

本实验以某流域为例，介绍小流域综合治理规划过程。利用等高线数据生成 DEM，在 DEM 数据基础上提取水文要素、河网、流域范围数据，再采用 ArcGIS 的水文分析工具进行流域划分与统计分析，得到流域综合治理专题图。

(1)以 outlet 为出水口，提取出流域集水区范围，像元大小为 30 m。

(2)提取出流域范围内汇水面积累积量≥100 m^2 以上的河道，并对河网进行分级。

(3)以提取的河道网络为出水口，对流域进行子流域划分，对于面积<1 hm^2 (1 hm^2 = 10 000 m^2)的微小流域，按照边长最大原则进行合并处理。

(4)以表格形式统计流域中每一个子流域的地形高度特征(最小高度、最大高度、平均高度)。

(5)制作专题图，专题图要求以地形特征为背景，体现出流域河流水系和子流域分区特征，并将专题图以.jpg 的图片格式输出。

6.1.2　实验目的

(1)掌握数字高程模型的构建；了解基于 DEM 水文分析的基本原理。

(2)熟悉水文学中出水口、子流域等基本概念；熟悉水文学中集水流域、河网等基本概念。

(3)掌握 ArcGIS 中区域统计的方法。

(4)了解专题图的含义，掌握 ArcGIS 中专题图的制作方法。

6.2　数据说明

数据说明如表 6.1 所示。

表 6.1　数据说明

路径	文件名称	格式	说明
\Data	terlk-l	shapefile	等高线
\Data	terlk-p	shapefile	高程点
\Data	outlet	shapefile	流域出水口
\Data	box	shapefile	研究范围

6.3　实验方案

首先利用等高线、高程点数据，生成 DEM，然后进行水文分析，提取流向、流量、河网、流域范围数据，再提取出流域范围内的河网并对河网进行分级，利用流域分析工具对流域进行子流域划分，合并微小流域后进行统计分析，最后制作流域分析专题图。数据处理流程如图 6.1 所示。

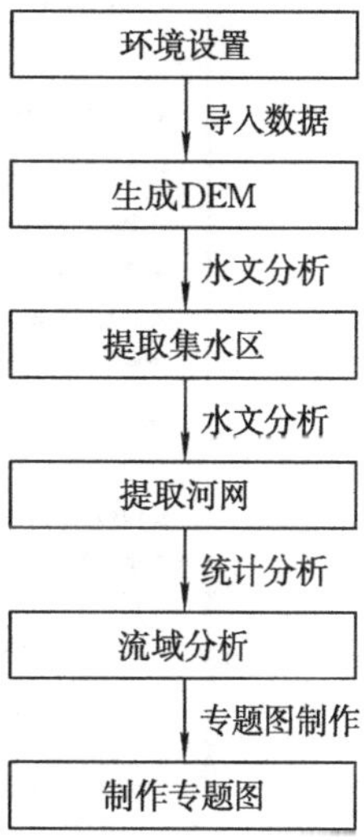

图 6.1　数据处理流程

数据处理流程图说明：

(1)环境设置：利用【地理处理】工具对工作空间、像元大小、处理范围等进行相应的设置。

(2)生成 DEM：利用 3D 分析工具生成不规则三角网(TIN)，然后用 TIN 转栅格工具生成 DEM。

(3)提取集水区：利用填洼、流向、流量、分水岭等工具提取流域集水区。

(4)提取河网：使用流域集水区范围对流向、汇水累积量进行提取分析，使用栅格计算器计算河道数据，并进行河网链接和河网分级，最后进行平滑处理。

(5)流域分析：以提取的河网为出水口，利用分水岭工具对流域进行子流域划分，并按照边长最大原则对微小流域进行合并。

(6)制作专题图：基于以上数据，制成一幅以地形特征为背景，体现出流域河流水系和子流域分区特征的专题图。

6.4　操作流程

6.4.1　环境设置

将等高线(terlk-l)、高程点(terlk-p)、流域出水口(outlet)、研究范围(box)数据导入 ArcMap 中。在 ArcMap 主菜单中点击【地理处理】→【环境设置】，设置工作空间、输出坐标系、处理范围、像元大小等参数，环境设置如图 6.2 所示。

6.4.2　生成 DEM

使用等高线 terlk_l 和高程点 terlk_p 数据生成 TIN，基于合理的采样间距将 TIN 转成 DEM，生成 DEM 流程如图 6.3 所示。

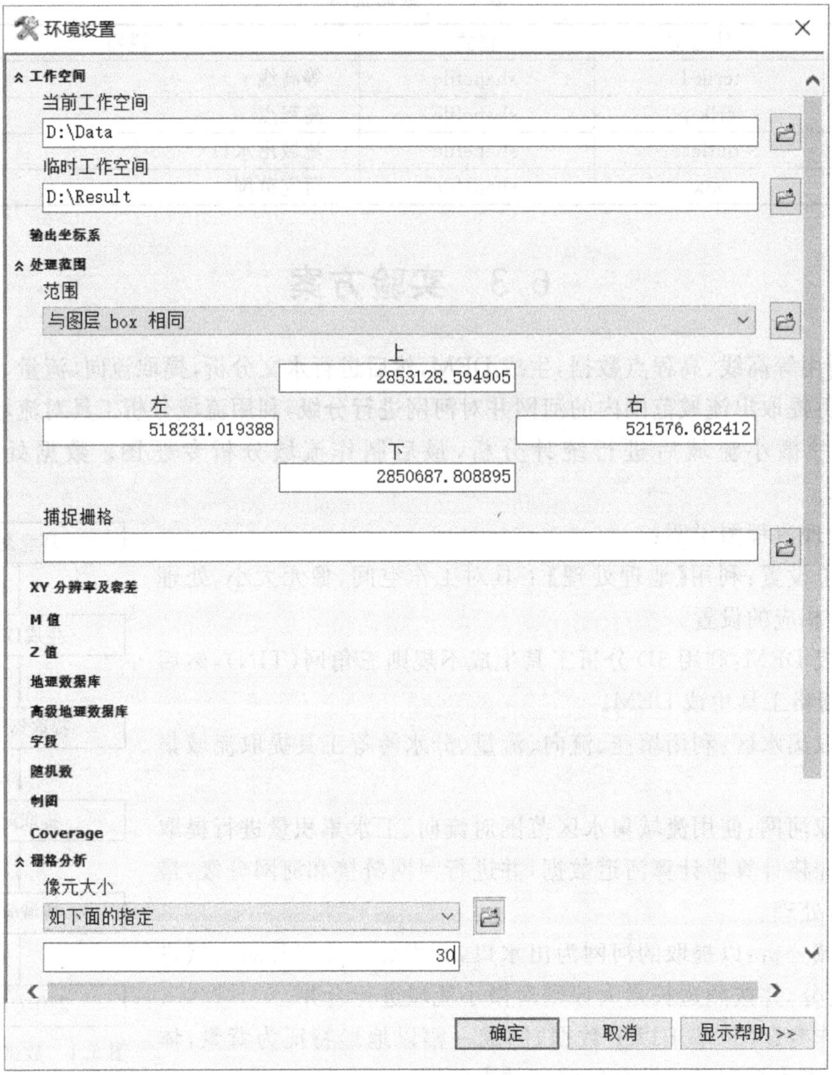

图 6.2 环境设置

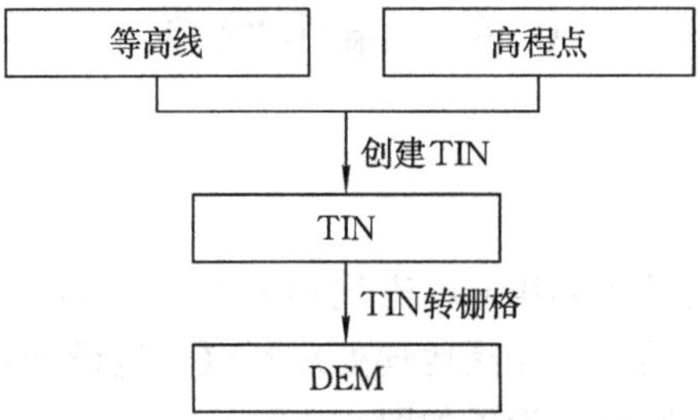

图 6.3 生成 DEM 流程

(1)创建 TIN:点击 ArcToolbox 中的【3D Analyst】→【数据管理】→【TIN】→【创建 TIN】。"输入要素类"设为 terlk-l、terk-p,修改"高度字段"为"高程",确定输出路径及名称(图 6.4),点击【确定】,生成 TIN 数据。

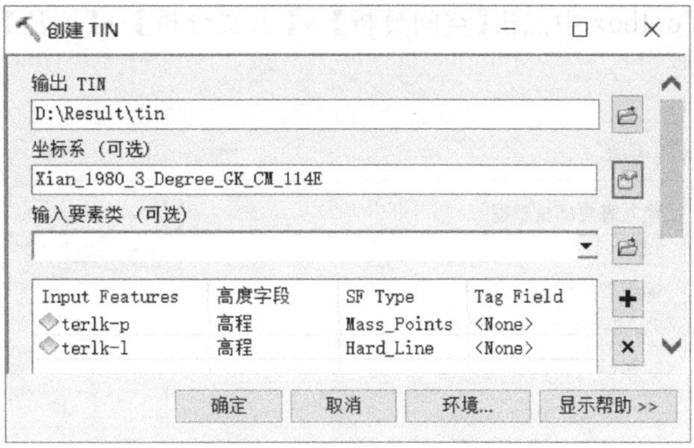

图 6.4　创建 TIN 设置

(2)TIN 转 DEM:在 ArcToolbox 中,点击【3D Analyst】→【转换】→【由 TIN 转出】→【TIN 转栅格】,输入 TIN 数据,像元大小设为 30 m,确定输出路径及名称(图 6.5),点击【确定】,生成 DEM 数据(图 6.6)。

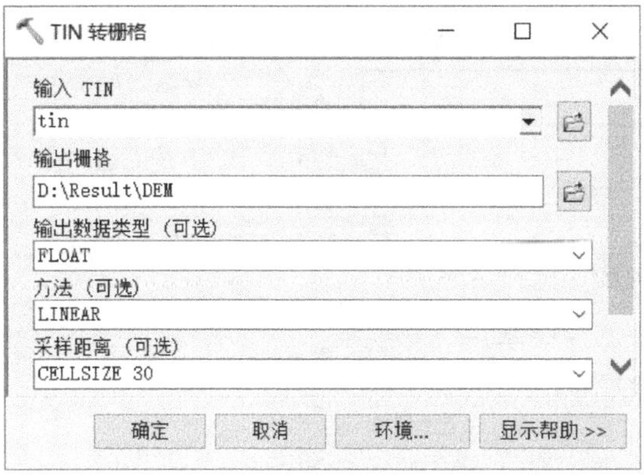

图 6.5　TIN 转栅格设置

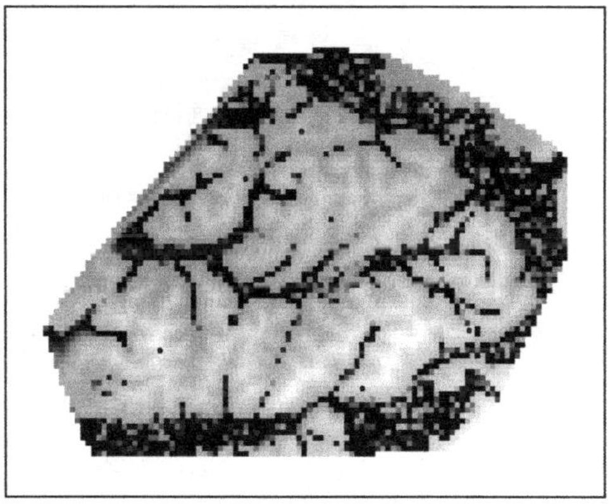

图 6.6　DEM 结果

6.4.3　提取集水区

对已有的 DEM 数据,进行洼地填充,生成无洼地 DEM。在此基础上计算出水流方向矩阵、汇流累积矩阵,并结合出水口数据,提取栅格集水区。集水区提取流程如图 6.7 所示。

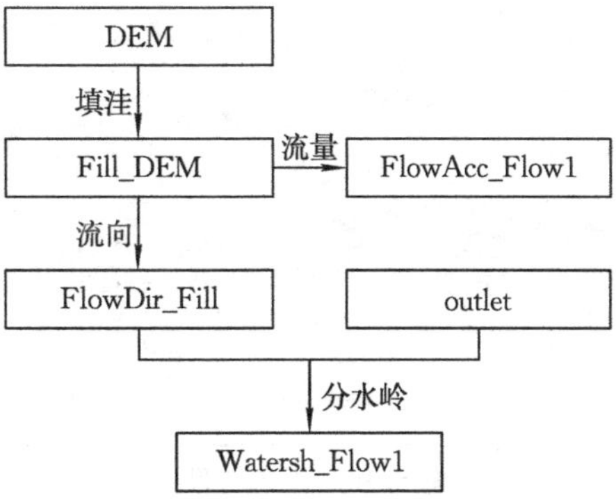

图 6.7　集水区提取流程

(1)填洼:在 ArcToolbox 中点击【空间分析】→【水文分析】→【填洼】,对 DEM 进行填洼。填洼设置如图 6.8 所示。

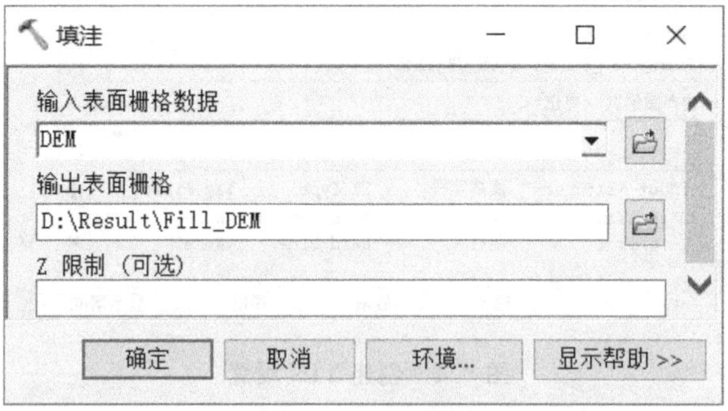

图 6.8 填洼设置

(2)流向:在 ArcToolbox 中点击【空间分析】→【水文分析】→【流向】,利用填洼后的 DEM 获取流向数据。流向设置如图 6.9 所示,流向结果如图 6.10 所示。

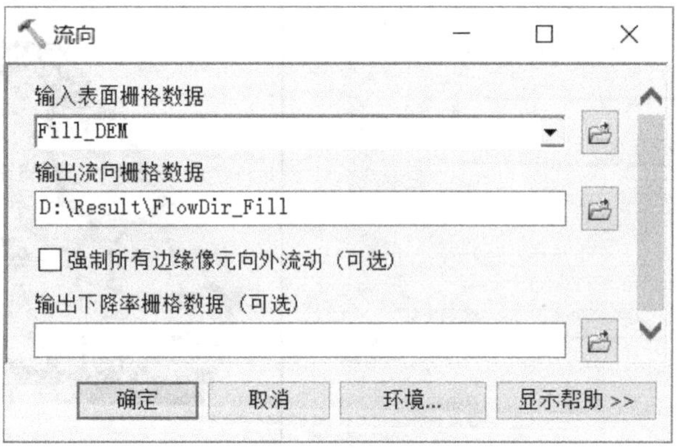

图 6.9 流向设置

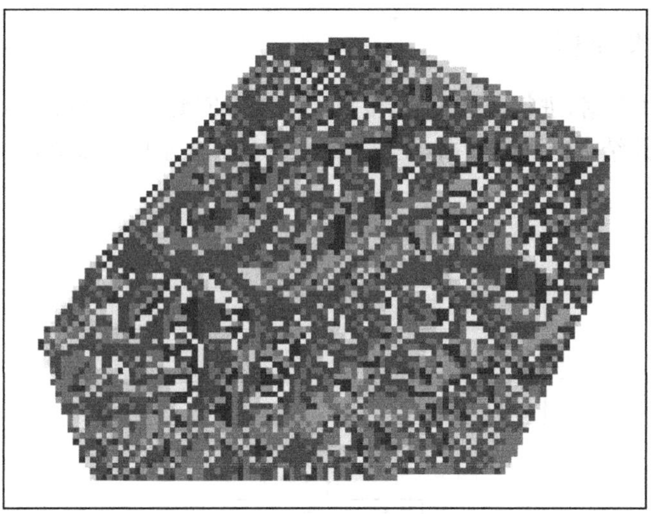

图 6.10 流向结果

(3)流量：在 ArcToolbox 中点击【空间分析】→【水文分析】→【流量】，利用流向栅格数据获取流量数据。流量设置如图 6.11 所示，生成的汇流累积量结果如图 6.12 所示。

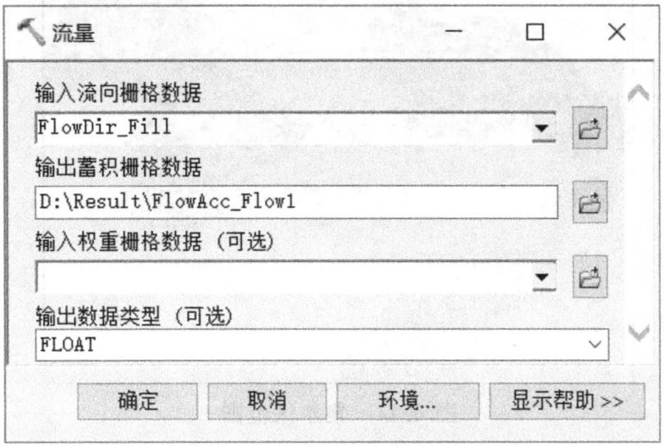

图 6.11　流量设置

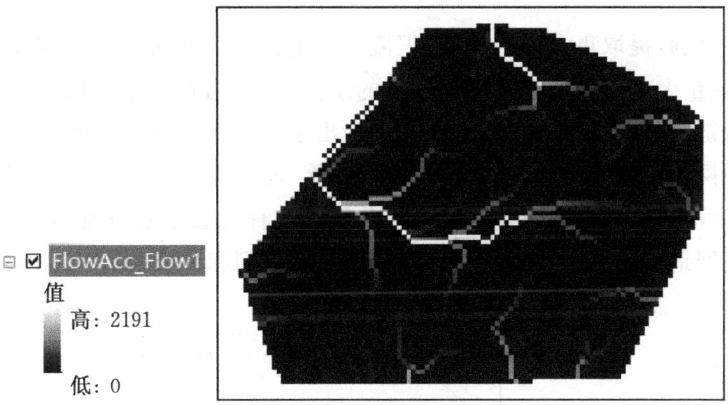

图 6.12　生成的汇流累积量结果

(4)提取集水区：在 ArcToolbox 中点击【空间分析】→【水文分析】→【分水岭】，输入流向和出水口(outlet)数据，提取集水区。提取集水区设置如图 6.13 所示，结果如图 6.14 所示。

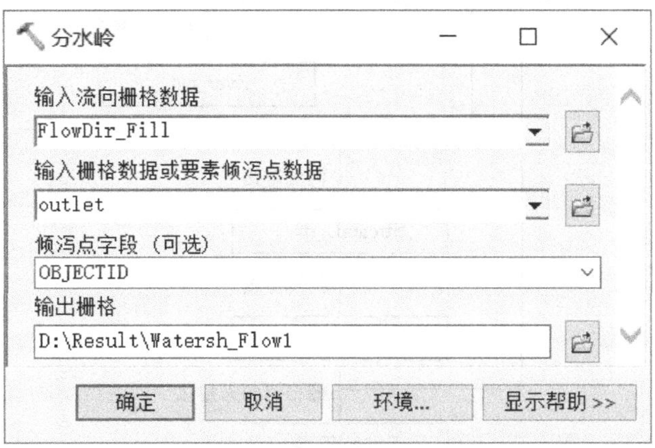

图 6.13　提取集水区设置

图 6.14　集水区范围

6.4.4　提取河网

基于集水区范围，提取集水区内流向、汇流累积量。当汇流量达到一定值时，就会产生地表水流，所有汇流量大于阈值的栅格就是潜在的水流路径，由这些水流路径构成的网络，就是栅格河网。河流链接的每条弧段连接着两个作为出水口或汇合点的结点，或者连接着作为出水口的结点和河网起始点。因此，通过河流链接计算，即得到每一个河网弧段的起始点和终止点，也可以得到该汇水区域的出水点。而河网分级是一种将级别数分配给河流网络中的连接线的方法。此级别是一种根据支流数对河流类型进行识别和分类的方法。矢量河网提取流程如图 6.15 所示。

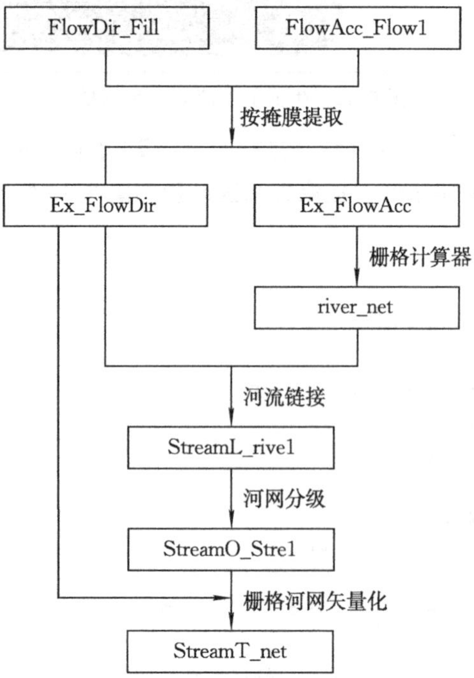

图 6.15　矢量河网提取流程

（1）集水区流向、流量提取：在 ArcToolbox 中点击【空间分析】→【提取分析】→【按掩膜提取】，提取出集水区域内的流向、流量数据，设置如图 6.16、图 6.17 所示。

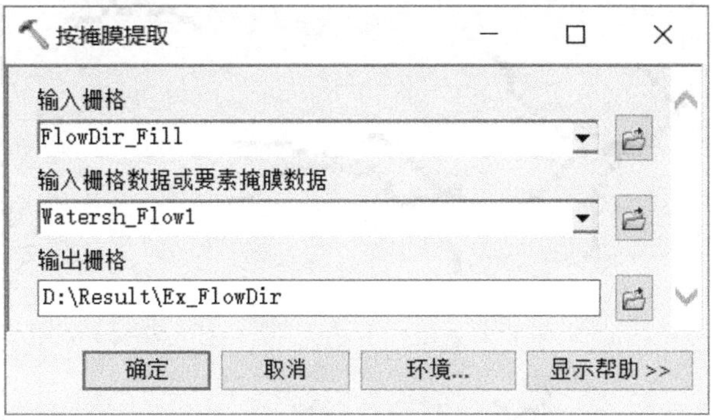

图 6.16　集水区提取流向设置

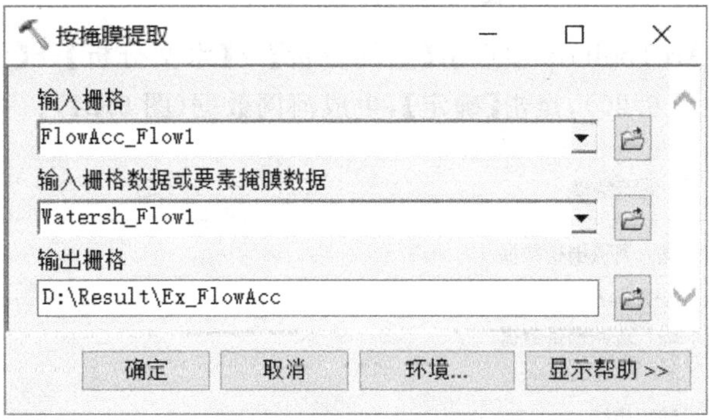

图 6.17　集水区提取流量设置

（2）提取河道：在 ArcToolbox 中点击【空间分析】→【地图代数】→【栅格计算器】，输入如图 6.18 所示条件，提取栅格河道，结果如图 6.19 所示。

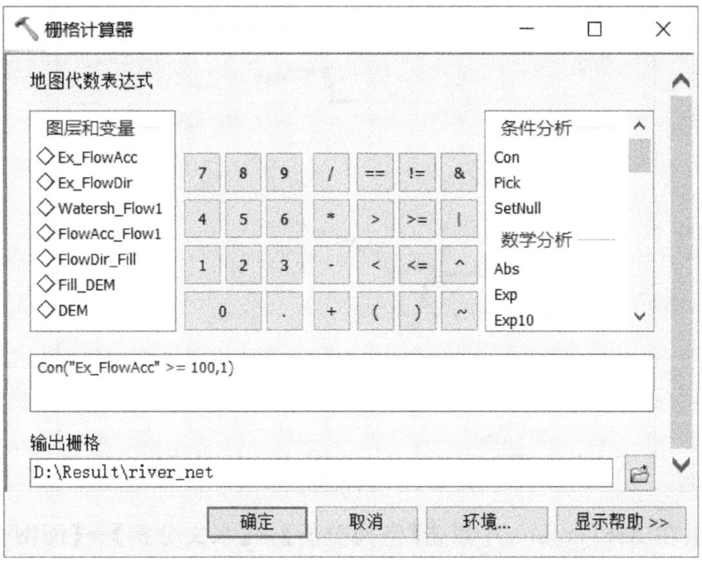

图 6.18　提取河道设置

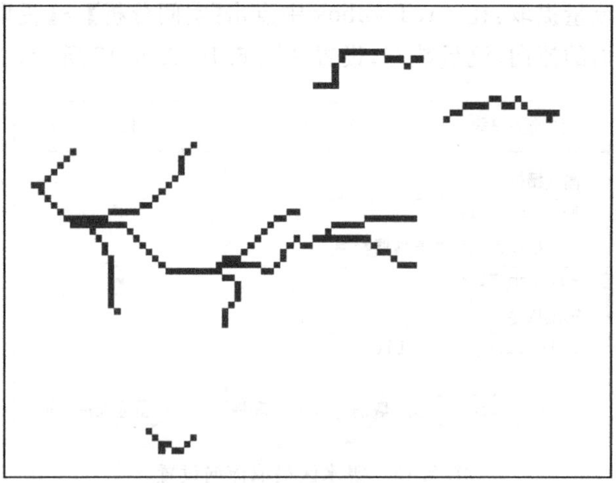

图 6.19 提取河道结果

(3)河流链接:在 ArcToolbox 中点击【空间分析】→【水文分析】→【河流链接】,输入集水区域内的河网和流向(图 6.20),点击【确定】,生成河网数据(图 6.21)。

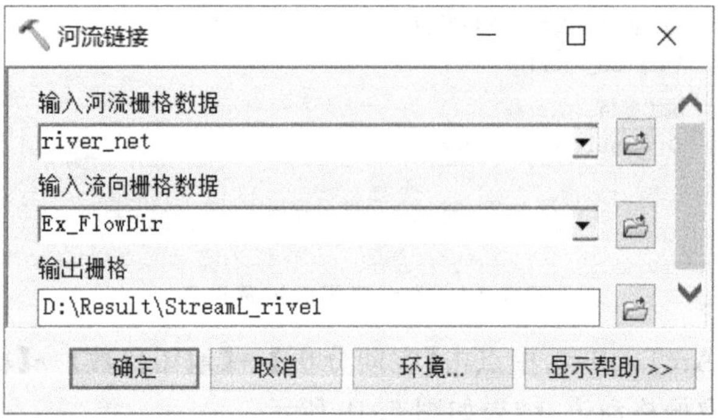

图 6.20 河流链接设置

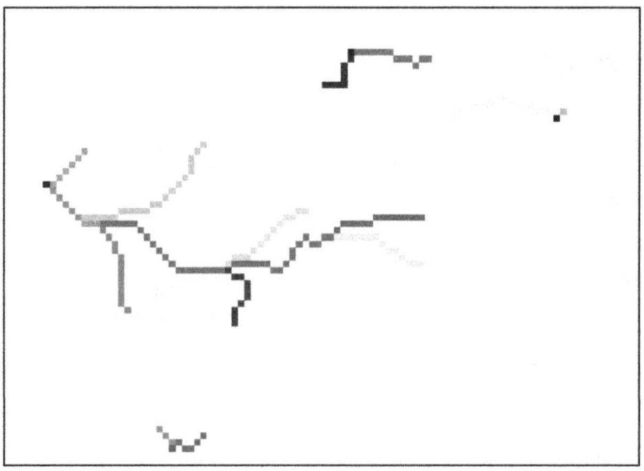

图 6.21 河流链接结果

(4)河网分级:在 ArcToolbox 中点击【空间分析】→【水文分析】→【河网分级】工具,将河网分级,设置如图 6.22 所示,结果如图 6.23 所示。

图 6.22　河网分级设置

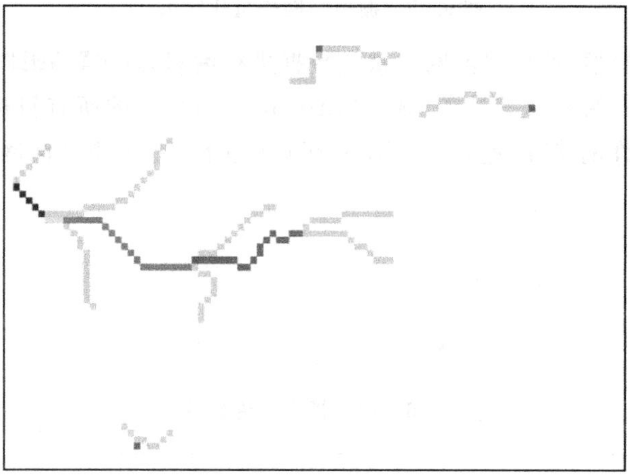

图 6.23　河流分级结果

(5)栅格河网矢量化：在 ArcToolbox 中点击【空间分析】→【水文分析】→【栅格河网矢量化】，将栅格河网转为矢量格式。输入相应数据(图 6.24)，点击【确定】，生成栅格河网矢量化结果(图 6.25)。

图 6.24　栅格河网矢量化设置

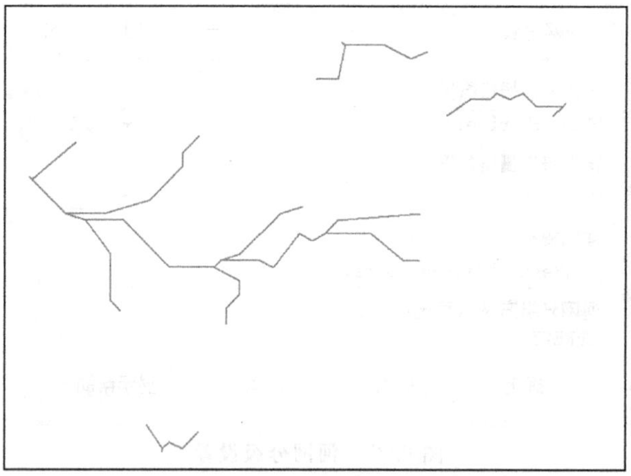

图 6.25 栅格河网矢量化结果

(6)平滑:启动编辑器,选择对河网矢量化数据进行编辑,点击【编辑器】→【更多编辑工具】→【高级编辑】。打开高级编辑工具条,选中“StreamT_net”中的所有目标,点击【平滑】,打开“平滑”窗口,“最大允许偏移”设置为“4”(图 6.26),点击【确定】,得到河网平滑结果(图 6.27)。

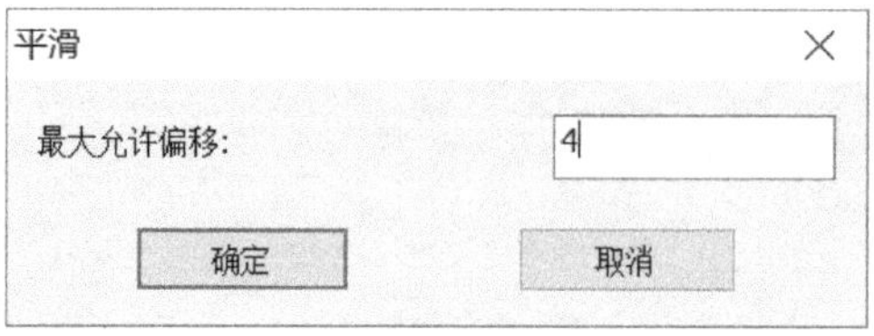

图 6.26 设置最大允许偏移量

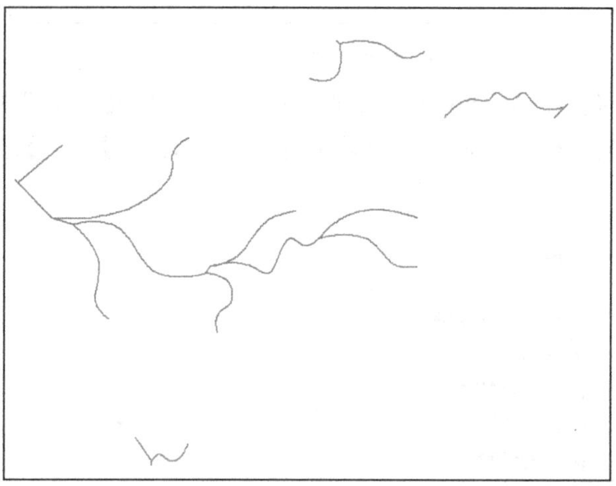

图 6.27 河网平滑结果

6.4.5 流域分析

以提取的河道网络为出水口,利用分水岭工具对流域进行子流域划分,对于面积<1 hm^2 的微小流域,按照边长最大原则进行正确处理,最后以表格形式统计流域中每一个子流域的地形高度特征,包括最小高度、最大高度、平均高度等。流域统计分析流程如图 6.28 所示。

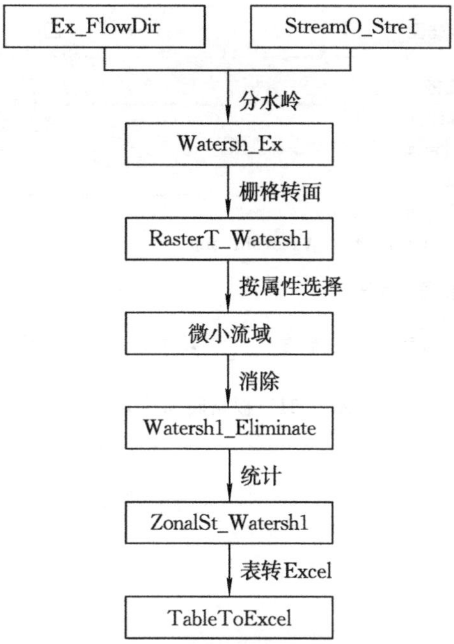

图 6.28　流域统计分析流程

1. 提取子流域

在 ArcToolbox 中点击【空间分析】→【水文分析】→【分水岭】，以经过 Shreve 分级后河网数据作为出水口，输入相应参数(图 6.29)，点击【确定】，输出子流域区(图 6.30)。

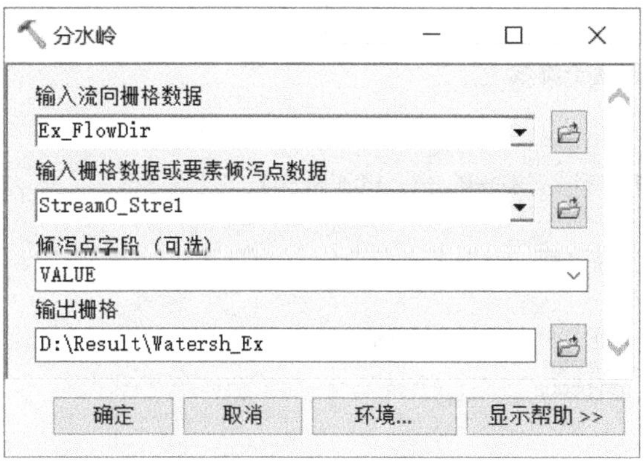

图 6.29　提取子流域设置

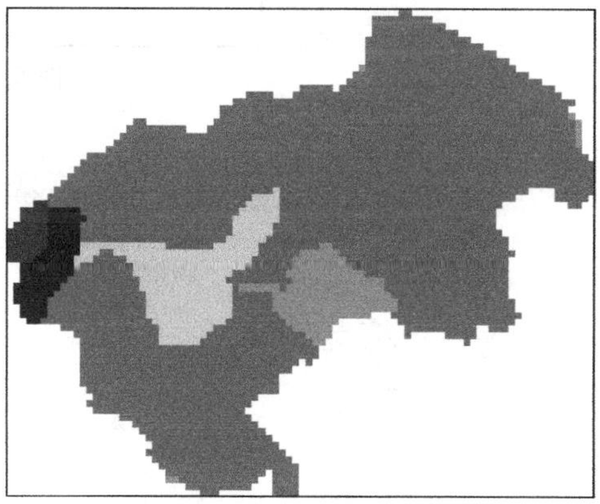

图 6.30　子流域结果

2. 合并微小流域

(1)栅格转面：在 ArcToolbox 中点击【转换工具】→【由栅格转出】→【栅格转面】，打开“栅格转面”窗口，输入相应数据(图 6.31)，输出栅格转面结果(图 6.32)。

(2)符号化：双击矢量子流域数据，点击【符号系统】→【类别】→【唯一值】，选择“GRIDCODE”值字段，点击【添加所有值】→【确定】(图 6.33)，输出流域符号化结果。

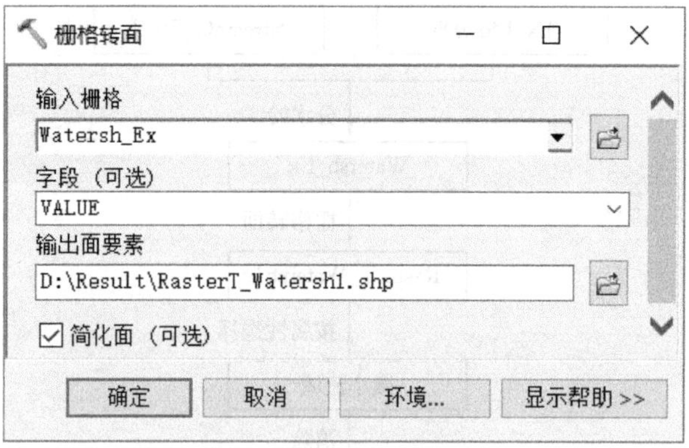

图 6.31　栅格转面设置

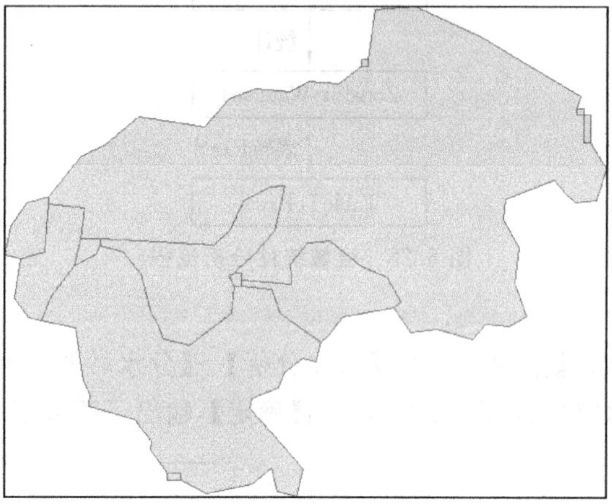

图 6.32　矢量子流域

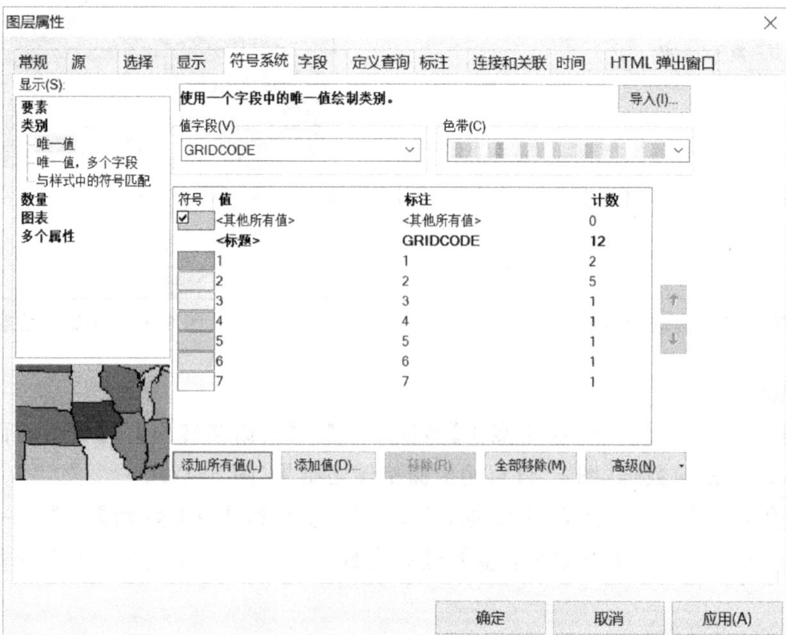

图 6.33　流域符号化设置

(3)添加 area 字段:右键点击矢量子流域数据,点击【打开属性表】→【表选项】→【添加字段】,添加一个名为 area 的双精度字段(图 6.34)。

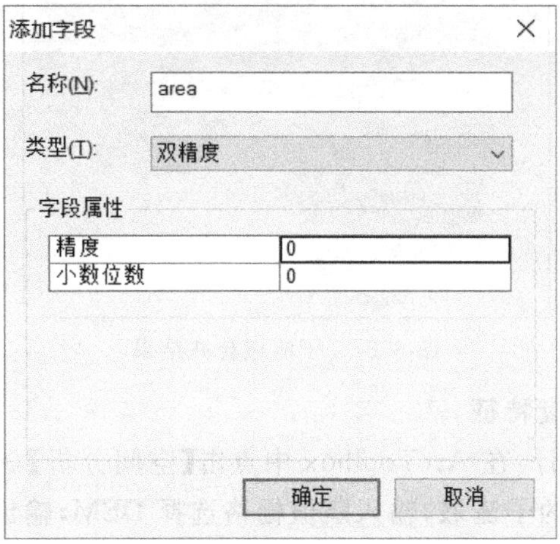

图 6.34　添加 area 字段设置

(4)计算几何:右键点击 area 字段,点击【计算几何】,选择面积单位为平方米(图 6.35)。

(5)筛选微小流域:右键点击矢量子流域数据,点击【打开属性表】→【表选项】→【按属性选择】,输入""area"<10 000",点击【确定】,则微小流域在图中高亮显示。

(6)合并微小流域:对于面积<1 hm^2 的微小流域,按照边长最大原则对其进行合并处理。点击 ArcToolbox 中【数据管理工具】→【制图综合】→【消除】,输入矢量子流域,输出合并处理后的子流域,设置结果如图 6.36 所示,得到子流域合并结果,如图 6.37 所示。

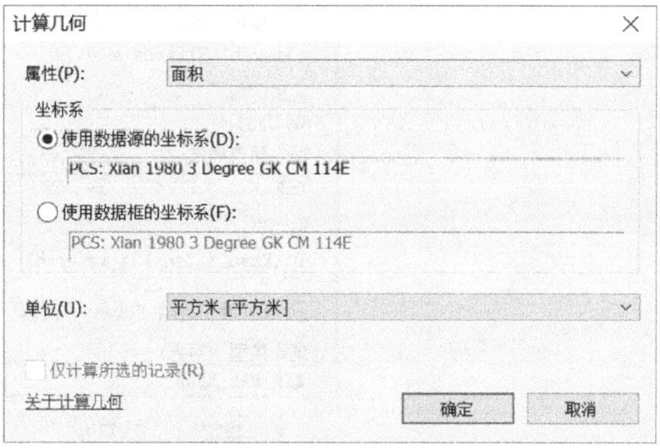

图 6.35　计算几何设置

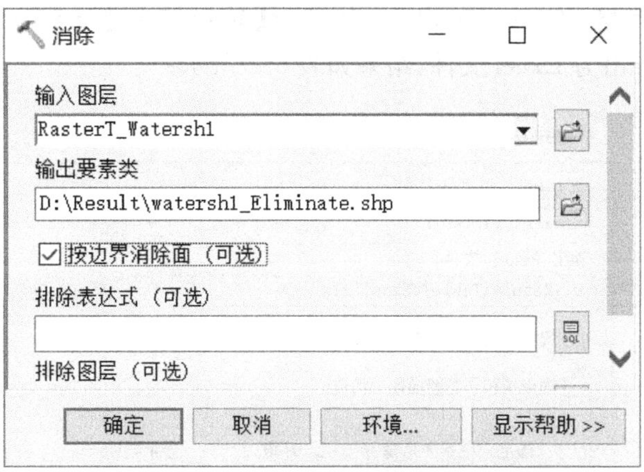

图 6.36　输出合并子流域设置

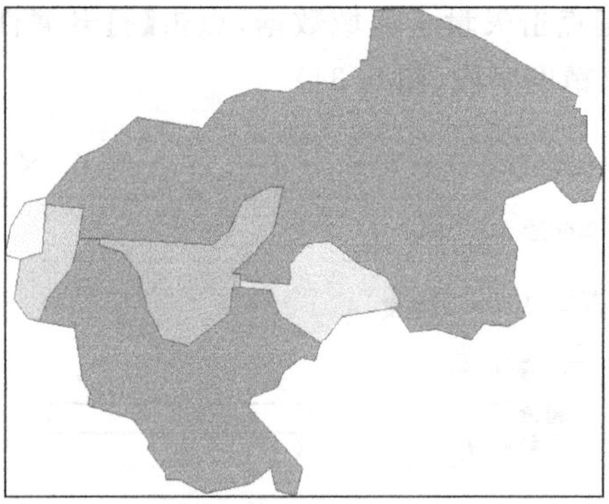

图 6.37　子流域合并结果

3. 统计子流域地形高度特征

(1)以表格显示分区统计:在 ArcToolbox 中点击【空间分析】→【区域分析】→【以表格显示分区统计】,输入合并后的子流域,输入赋值栅格选择 DEM,输出地形高度特征表,设置如图 6.38 所示。

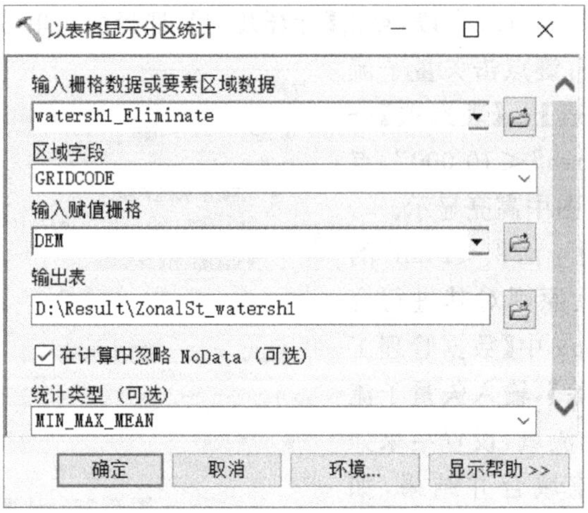

图 6.38　以表格显示分区统计设置

(2)制作 Excel 表格:在 ArcToolbox 中点击【转换工具】→【Excel】→【表转 Excel】(图 6.39),将属性表导出为 Excel 文件,结果如表 6.2 所示。

图 6.39　表转 Excel 设置

表 6.2　子流域地形高度特征

ID	GRIDCODE	area	MIN	MAX	MEAN
1	1	2 485 800	0.00000000000	227.518 447 9	134.514 103 9
2	2	145 800	0.00000000000	209.647 766 1	152.755 717 7
3	4	220 500	0.00000000000	206.014 892 6	131.560 099 4
4	6	84 600	0.00000000000	203.882 202 1	109.633 679 6
5	7	37 800	0.00000000000	174.084 854 1	95.948 352 63

6.4.6　制作专题图

(1)设置纸张大小：点击菜单栏【文件】→【页面和打印设置】，设置合适的宽度和高度。

(2)添加格网：点击菜单栏【视图】→【数据框属性】→【格网】→【新建格网】，选择创建“方里格网”，然后按照提示完成格网的创建。

(3)添加地图整饰：点击菜单栏【插入】下的按钮，为地图添加标题、比例尺、指北针等要素。

(4)导出地图：点击菜单栏【文件】→【导出地图】，导出专题图(图 6.40)。

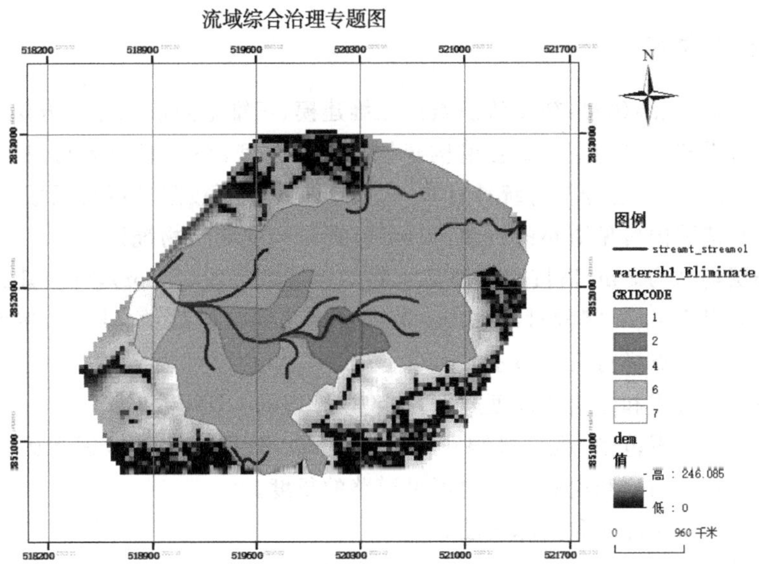

图 6.40　流域综合治理专题图示例

实验七　城市三维建模与分析

三维城市模型已经成为一种非常普遍的地理空间数据资源，成为城市的必需品，对城市智能化管理至关重要。语义信息丰富的三维城市模型可以有效实现不同领域数据与 GIS 相关信息的高层次集成及互操作，从而在城市规划、环境模拟、应急响应和辅助决策等众多领域发挥作用。利用城市的三维景观模型进行城市基础设施、规划等方面的应用分析，可以直接指导和服务于城市的各方面规划和建设，最终为了城市基础设施布局更加合理、人居环境更加美好、经济社会更好更快发展而服务。

7.1　实验内容及目的

7.1.1　实验内容

本实验通过城区三维建模，初步认识城市三维建模、三维空间形态分析方法。利用某城区二维平面图，通过设置建筑物高度属性值构建城市三维模型，在此基础上利用 ArcScene 中的视域工具进行三维空间形态分析与统计计算，包括不考虑视野极限的可视区域、视野范围内非建筑物区域、视野范围内可见道路的长度、天际线(图)、可视建筑物统计。

(1)假设楼层均高为 3 m，请按照城市建筑物的楼层数字段(Floor)，计算建筑物总体高度字段(Height)，并以 Height 字段对 building 数据进行三维拉伸显示。同时，按照观景点高度字段(Height)，对观景点进行三维显示。

(2)根据地平面海拔和建筑物高度属性，构建该城市的 DEM 数据。

(3)根据游客的视野范围(视力极限距离为 500 m)，分别计算不考虑视野极限的可视区域、视野范围内非建筑面积和视野范围内可见道路的长度。

(4)基于视点提取天际线和天际线图。

(5)天际线的有效边界由建筑物顶部与天空交接的边界线，计算其总长度，计算边界对应的建筑中最高和最低建筑的总面积之和。

7.1.2　实验目的

(1)掌握利用计算器进行赋值，对平面图形进行三维显示的方法。

(2)熟悉构建 TIN，TIN 转换成 DEM 的操作过程。

(3)掌握 ArcScene 中的视域工具和栅格与面数据转换的方法；掌握分析工具相交、擦除、交集制表等的使用。

(4)掌握二维点数据转为三维点数据的常用方法；掌握天际线的内涵并绘制天际线和转为天际线图的方法。

(5)掌握基于属性数据中的字段进行汇总统计。

7.2　数据说明

数据说明如表 7.1 所示，数据文件夹为 D:\Data。

表 7.1　数据说明

路径	文件名称	格式	说明
\Data	building	shapefile	城市建筑物二维矢量面数据
\Data	point	shapefile	行人视点位置数据
\Data	road	shapefile	道路数据

7.3　解决方案

对 building 数据属性中增加字段，进行三维拉伸显示。根据字段 Height，将二维视点转为三维点数据，计算该视点位置处的天际线数据，以视点为中心，用极坐标系绘制出天际线图。计算该城市的 DEM 数据，并绘制专题图。根据游客视线距离初步计算不考虑视野极限的可视区域、视野范围内非建筑面积和视野范围内可见道路的长度。计算天际线的有效边界的总长度，找出符合要求的建筑物，计算最高和最低建筑的总建筑面积。数据处理流程如图 7.1 所示。

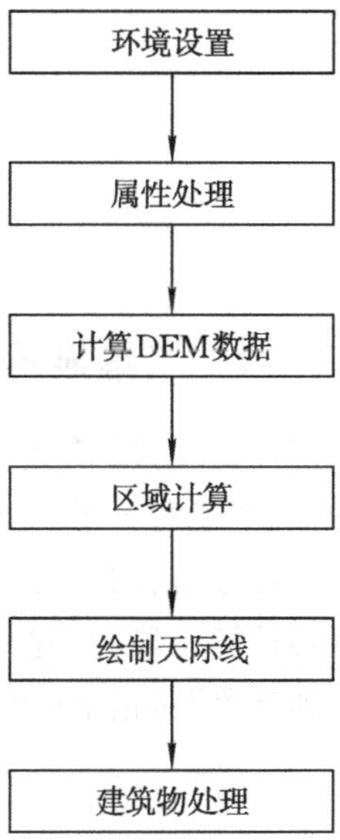

图 7.1　数据处理流程

城市空间三维研究的逻辑过程主要包括以下内容：

(1)数据准备。确定需要哪些数据作为输入，即 building 和 point 数据。

(2)属性处理。修改字段和三维拉伸显示。

(3)计算该城市的 DEM 数据。构建 TIN，利用 TIN 转栅格工具得到 DEM 数据。

(4)根据条件进行区域计算。计算出不考虑视野极限的可视区域、视野范围内非建筑面积和视野范围内可见道路的长度。

(5)绘制天际线。计算天际线数据，绘制天际线图。

(6)建筑物处理。找出天际线有效边界、最高和最低建筑，计算楼层面积之和。

7.4　操作流程

7.4.1　环境设置

在 ArcScene 主菜单中点击【地理处理】→【环境设置】。设置工作空间、处理范围等，像元大小设为 1，环境设置如图 7.2 所示。

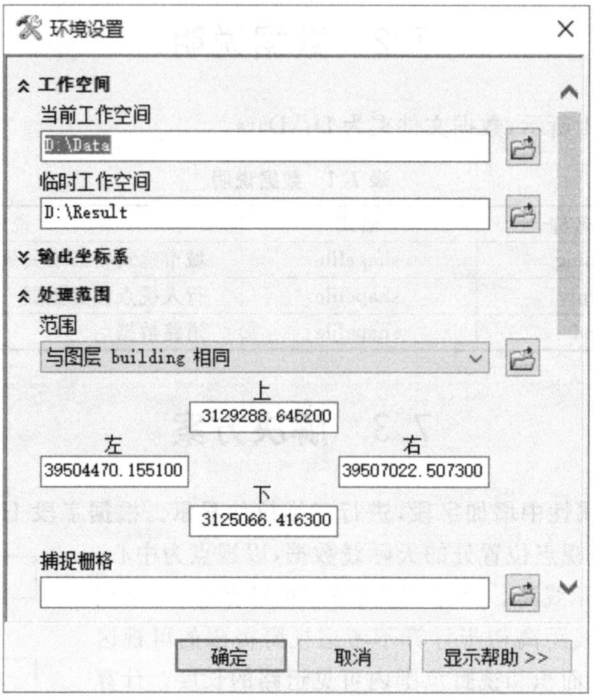

图 7.2 环境设置

7.4.2 三维显示

对 building 属性数据增加字段“Height”，计算建筑物总体高度字段“Height”，并以“Height”字段对 building 数据进行三维拉伸显示。双击 point 点图层符号，在弹出的对话框中点击【符号编辑】进行设置，完成点的拉伸，三维显示处理流程如图 7.3 所示。

(1)计算字段：右键点击“building”图层，点击【打开属性表】→【选表项】→【添加字段】，弹出“添加字段”对话框(图 7.4)，在“名称”文本框中填入“Height”，点击【确定】。

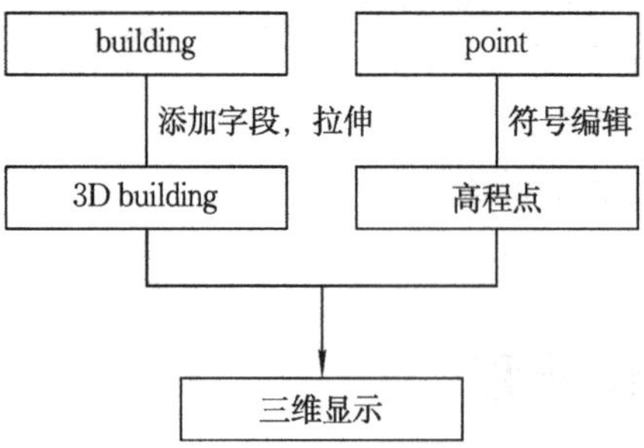

图 7.3 三维显示处理流程

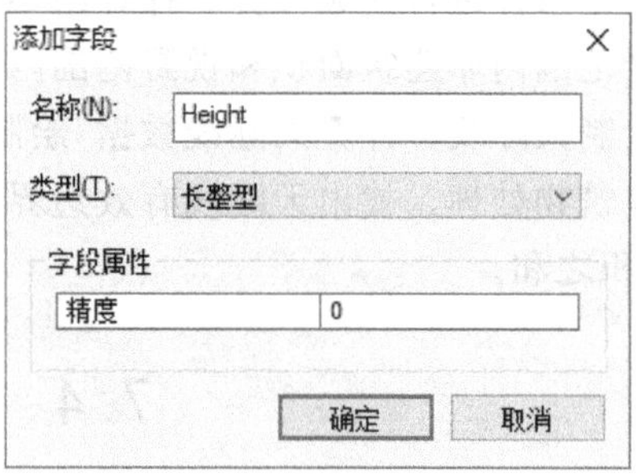

图 7.4 添加字段设置

右键点击“Height”字段，点击【字段计算器】，利用字段计算器对“Height”字段进行赋值(图 7.5)，点击【确定】。

(2)拉伸显示：右键点击“building”图层，打开“图层属性”，选择“拉伸”选项卡，填写高度函数(图 7.6)，进行拉伸显示。拉伸结果如图 7.7 所示。

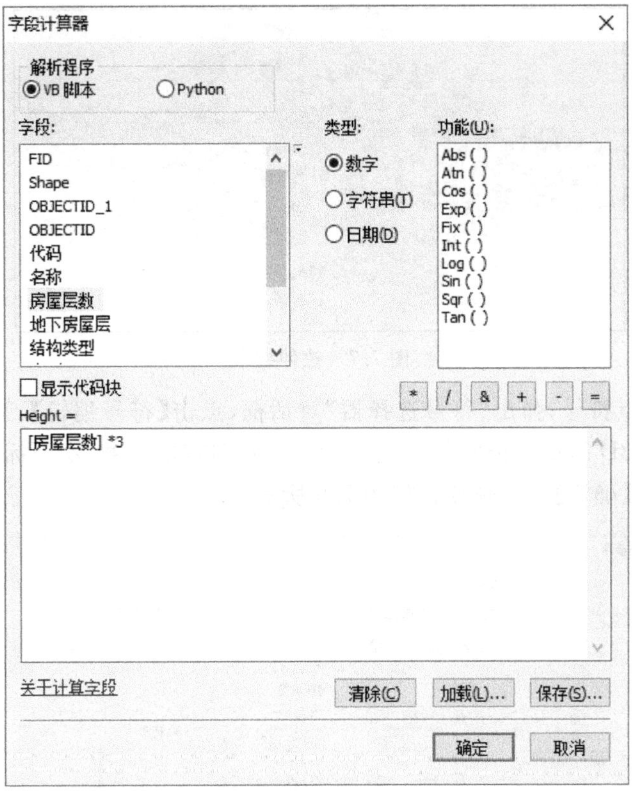

图 7.5　字段计算器设置

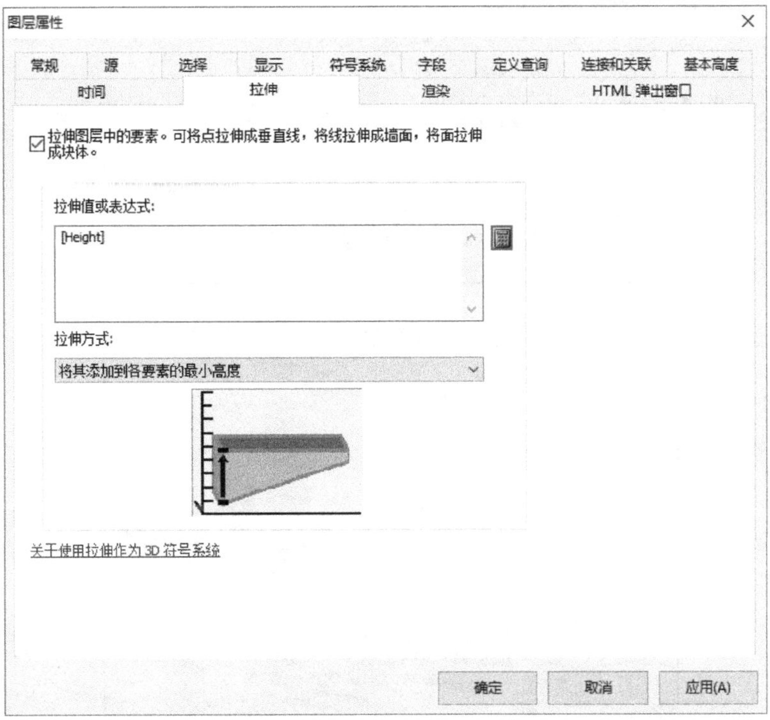

图 7.6　拉伸设置

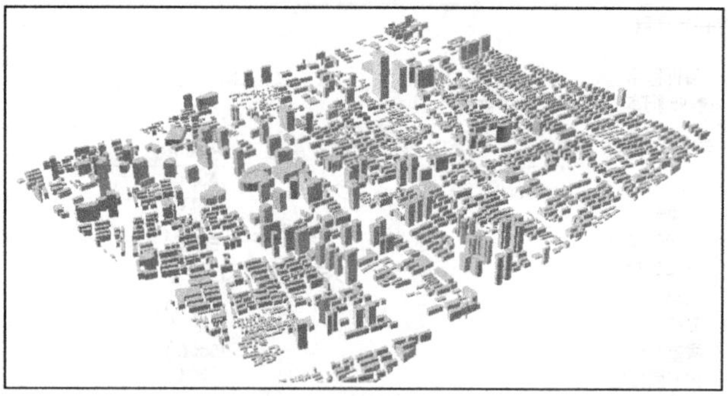

图 7.7　拉伸结果

(3)双击 point 点符号,弹出“符号选择器”对话框,点击【符号编辑】,弹出“符号属性编辑器”,“类型”设置为“3D 简单标记符号”,选择“3D 放置”选项卡,把 Z 坐标的偏移设为“195”,如图 7.8 所示,点击【确定】。图形变化如图 7.9 所示。

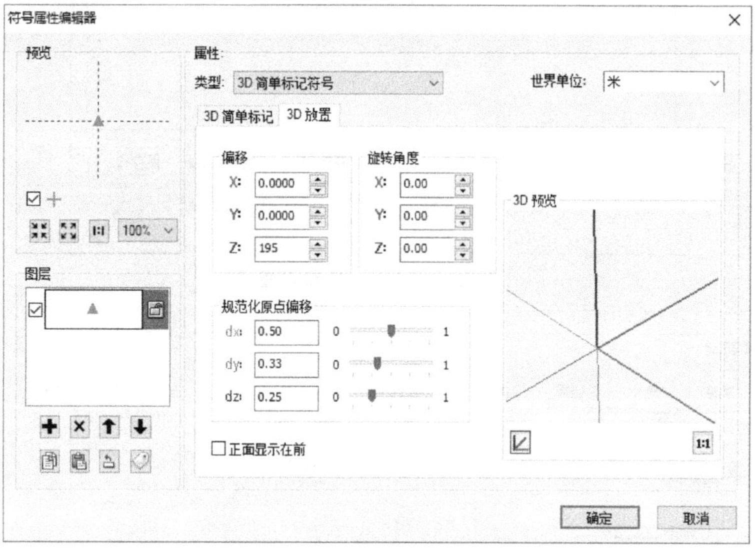

图 7.8　符号属性编辑器设置

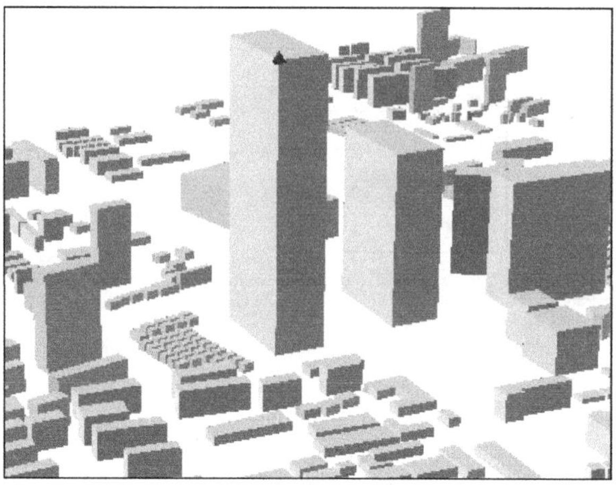

图 7.9　图形变化结果

7.4.3　计算 DEM

由于 DEM 图像为栅格图像，而原始数据为矢量图像，首先基于 building 数据构建 TIN，再基于合理采样转成栅格数据，然后利用栅格计算器获取满足一定条件的 DEM。数据处理流程如图 7.10 所示。

(1)创建 TIN：点击 ArcToolbox 中的【3D Analyst】→【数据管理】→【TIN】→【创建 TIN】。“输出 TIN”选择一个合适的路径，“输入要素类”选择“building”(图 7.11)，输出结果如图 7.12 所示。

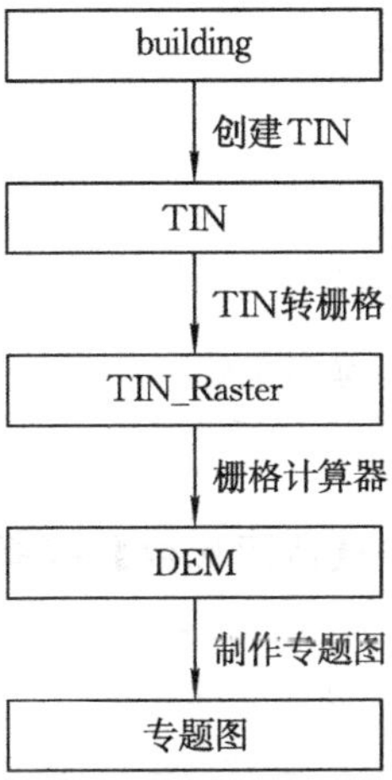

图 7.10　数据处理流程

图 7.11　创建 TIN

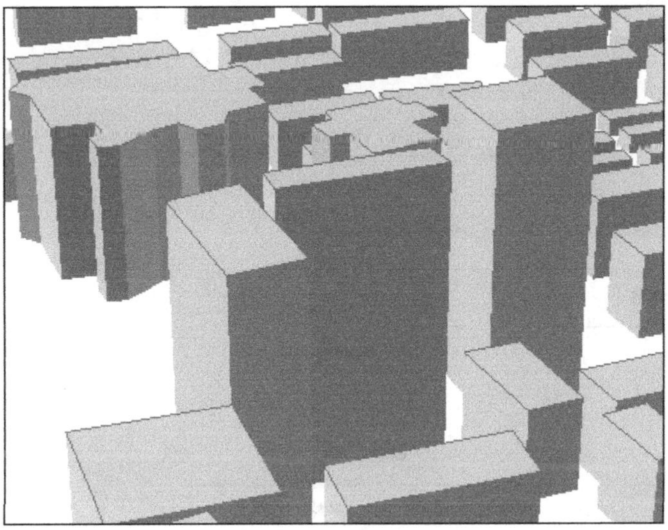

图 7.12　TIN 结果示例

(2)TIN 转栅格：点击 ArcToolbox 中的【3D Analyst】→【转换】→【由 TIN 转出】→【TIN 转栅格】。“采样距离(可选)”设置为“CELLSIZE 1”(图 7.13)。

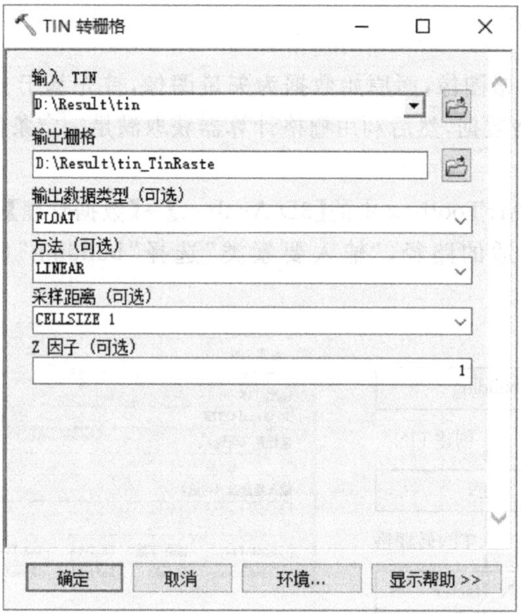

图 7.13 TIN 转栅格设置

(3)设置栅格值:点击 ArcToolbox 中的【空间分析】→【地图代数】→【栅格计算器】,栅格计算器设置如图 7.14 所示,点击【确定】。

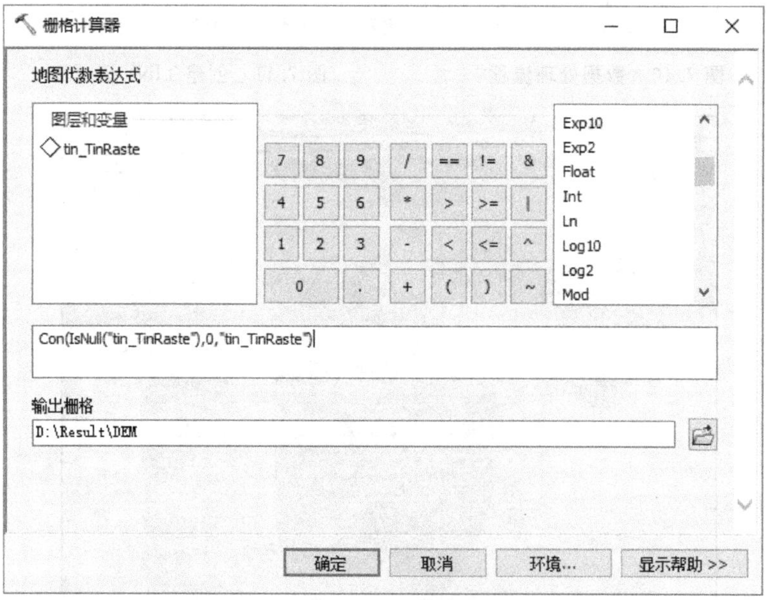

图 7.14 栅格计算器

7.4.4 根据条件进行区域计算

首先将完成的 DEM 数据利用视域工具求出不限视野范围的可视区域并转为矢量面要素,再筛选出可见区域,之后擦除建筑物,即可得到非建筑物区域。然后利用 building、point 原始数据绘制天际线,并进行矢量化操作。最后将两部分区域叠加,即可得到在视野范围内能够看到的、非建筑物区域的面积，采用交集制表将天际线转成的面与道路取交集得到一个表。数据处理流程如图 7.15 所示。

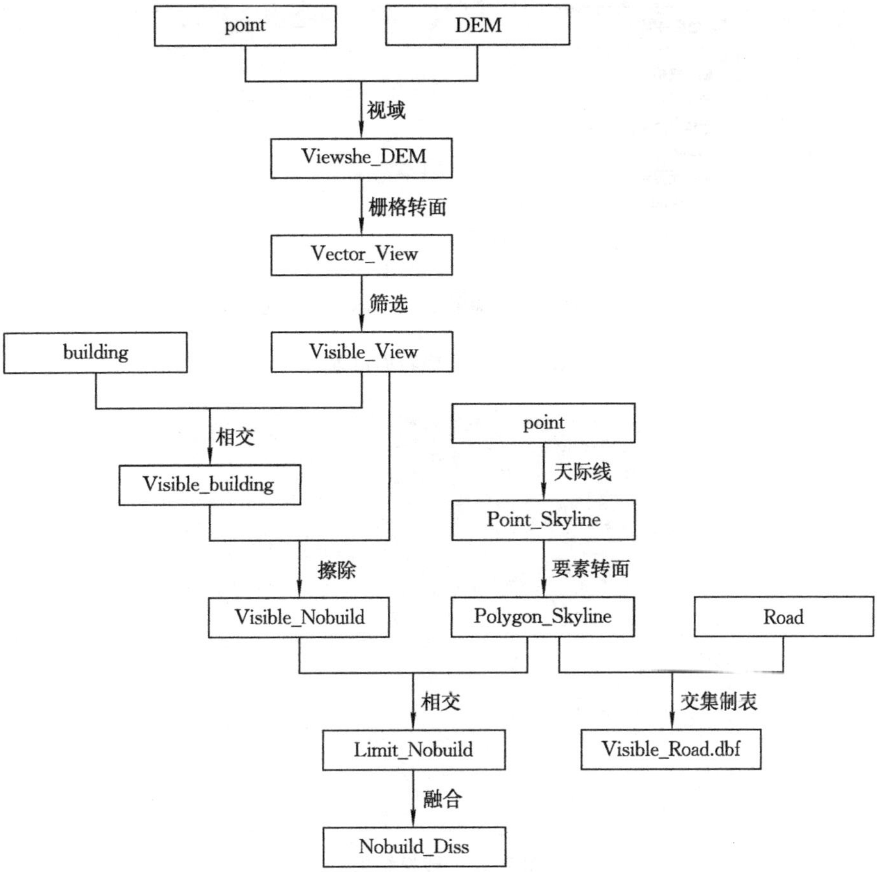

图 7.15　数据处理流程

(1)进行视域分析：点击 ArcToolbox 中的【3D Analyst】→【可见性】→【视域】，视域设置如图 7.16 所示，点击【确定】。

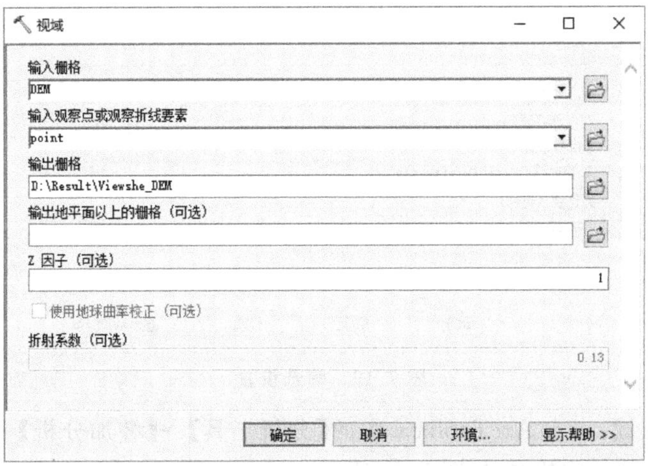

图 7.16　视域

(2)进行栅格转面:点击 Arc Toolbox 中的【转换工具】→【由栅格转出】→【栅格转面】,栅格转面设置如图 7.17 所示,点击【确定】。输出结果如图 7.18 所示。

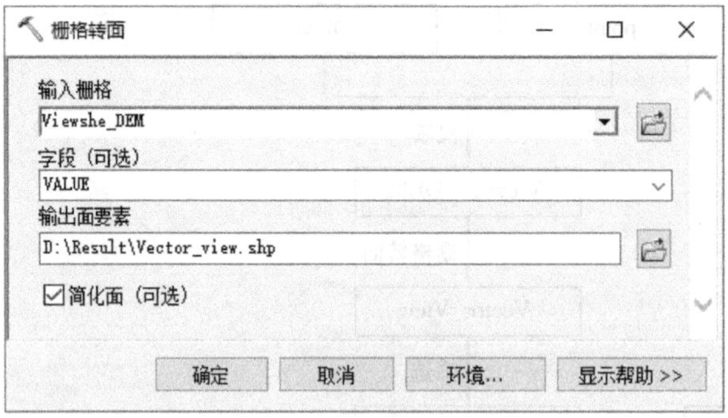

图 7.17 栅格转面设置

图 7.18 转换结果

(3)筛选可视区域:点击 Arc Toolbox 中的【分析工具】→【提取分析】→【筛选】,点击“表达式(可选)”文本框右边的按钮,弹出“查询构建器”对话框,选择“GRIDCODE”,点击【获取唯一值】,选择“1”,点击【确定】,关闭对话框,如图 7.19 所示。

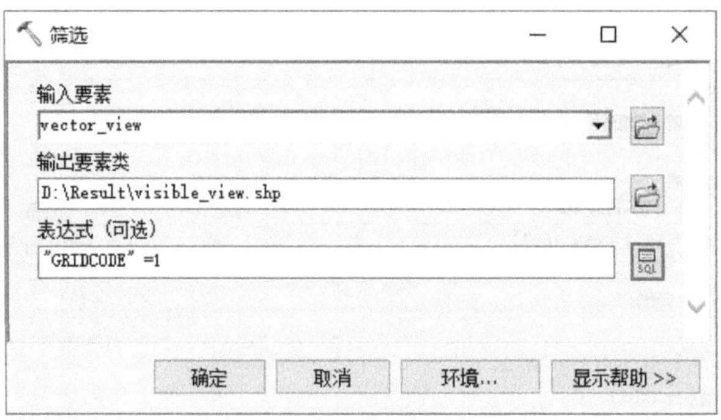

图 7.19 筛选设置

(4)得到可视区域:点击 ArcToolbox 中的【分析工具】→【叠加分析】→【相交】,“输入要素”选择可视区域和建筑物数据,如图 7.20 所示。

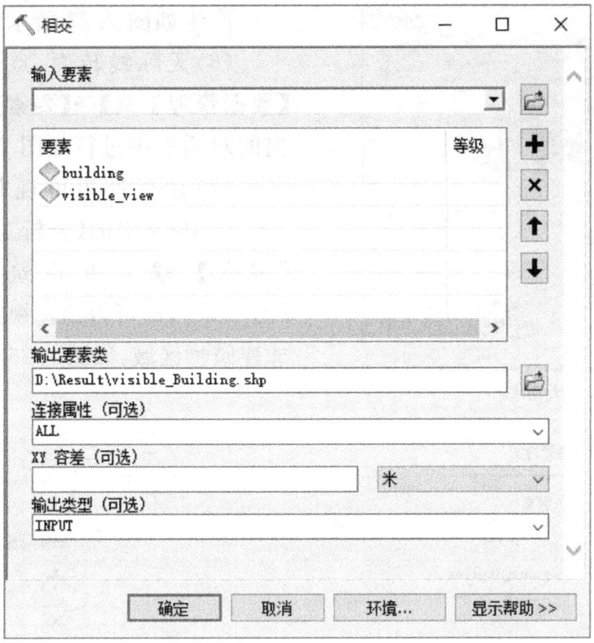

图 7.20　相交设置

点击 ArcToolbox 中的【分析工具】→【叠加分析】→【擦除】，“输入要素”为可视区域，“擦除要素”为可视建筑物(图 7.21)，点击【确定】。

(5)生成天际线：点击 ArcToolbox 中的【3D Analyst】→【可见性】→【天际线】，在弹出的对话框中进行如图 7.22 所示的设置。

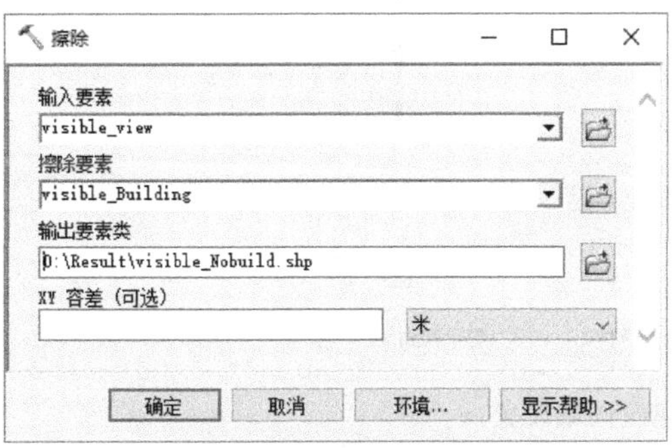

图 7.21　擦除设置

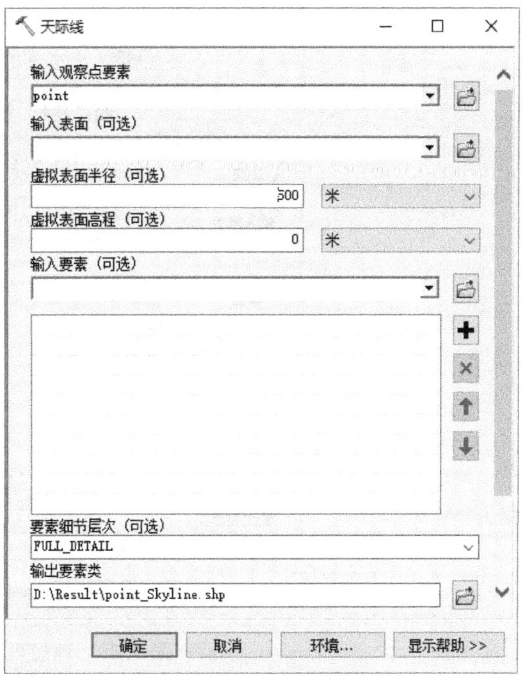

图 7.22　天际线设置

产生如图 7.23 所示结果。

(6)天际线转面:点击 ArcToolbox 中的【数据管理工具】→【要素】→【要素转面】,在弹出的对话框中进行如图 7.24 所示设置。

(7)计算理想可视非建筑物区域:点击 ArcToolbox 中的【分析工具】→【叠加分析】→【相交】,输入非建筑物和天际线数据(图 7.25),即可得到在视野范围内能够看到的非建筑物区域,如图 7.26 所示。

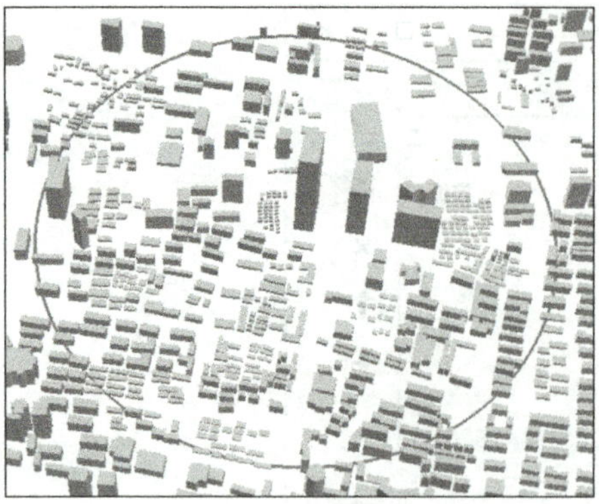

图 7.23 天际线

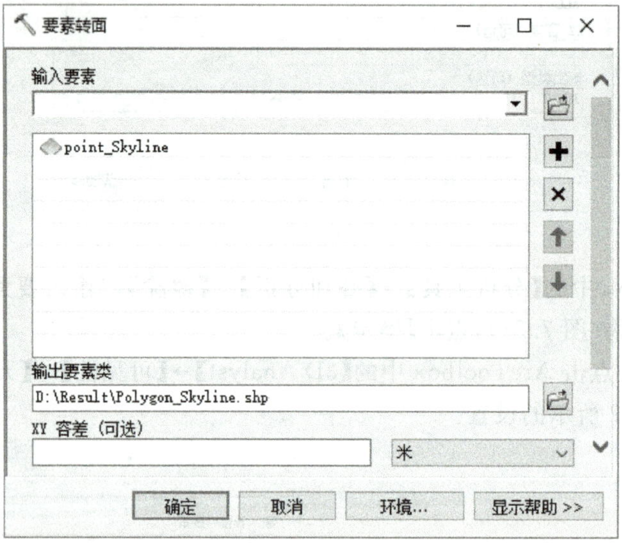

图 7.24 要素转面设置

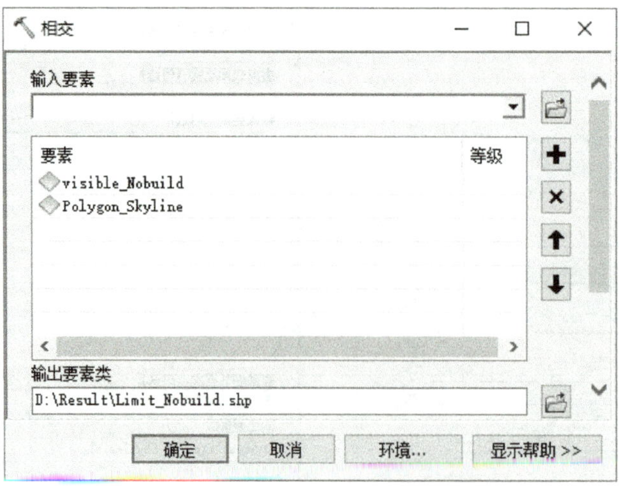

图 7.25 理想可视非建筑区域设置

图 7.26　视野范围内非建筑物区域

(8)进行区域融合:点击 ArcScene 的【地理处理】→【融合】,弹出“融合”对话框,融合设置如图 7.27 所示。点击【确定】。

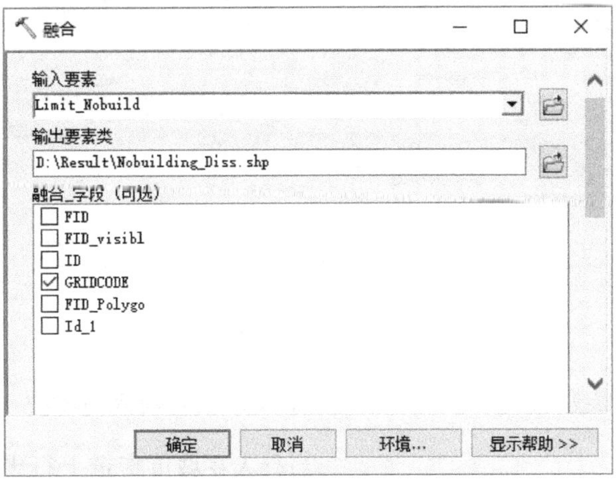

图 7.27　融合设置

右键点击生成的图层,打开属性表,查看面积数值(平方米),如图 7.28 所示。

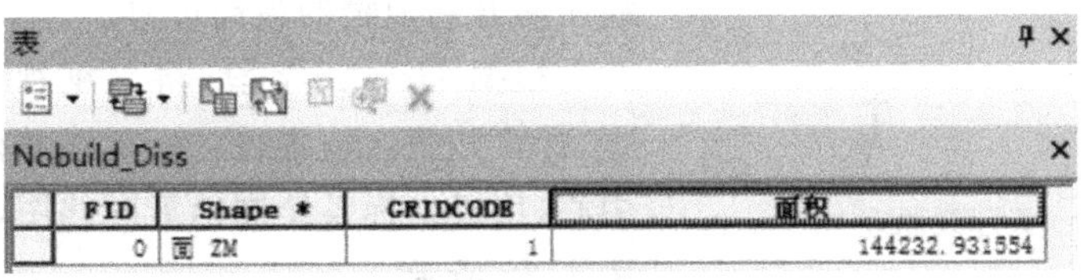

图 7.28　非建筑可见区域面积

(9)计算可视道路长度：点击 ArcToolbox 中的【分析工具】→【统计分析】→【交集制表】，“区域字段”设置成“Shape_Area”，如图 7.29 所示。

图 7.29　交集制表设置

右键点击生成的图层，打开属性表，查看数值，如图 7.30 所示。

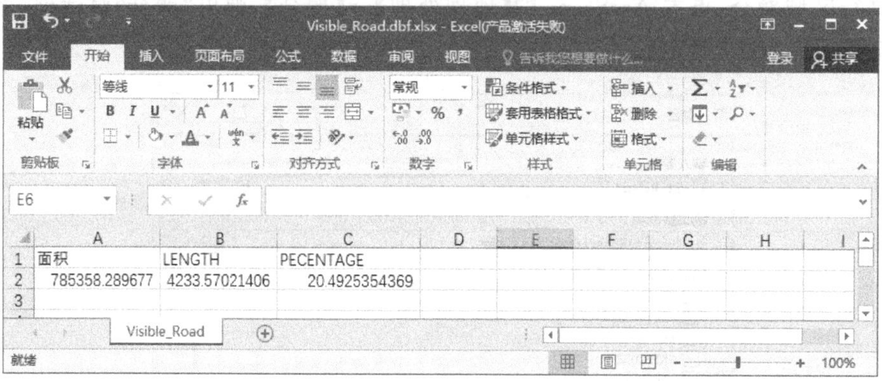

图 7.30　可见道路的长度

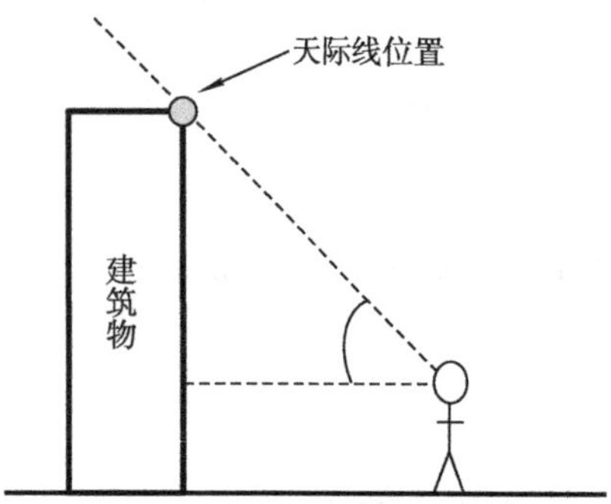

图 7.31　天际线原理

7.4.5　绘制天际线

当行人在城市街道上行走时，其视线会受到周边建筑的遮挡，在建筑顶部形成与天空相接的轮廓边界，即天际线，如图 7.31 所示。天际线代表了视线所能看到地物的最高边界。

根据 Height 字段，将二维视点转为三维点数据，计算该视点位置处的天际线数据，并以该视点为中心，用极坐标系绘制出天际线图，数据处理流程如图 7.32 所示。

(1)二维视点转为三维点数据:点击【3D Analyst】→【3D 要素】→【依据属性实现要素转3D】,实现三维要素的转换,设置如图 7.33 所示。

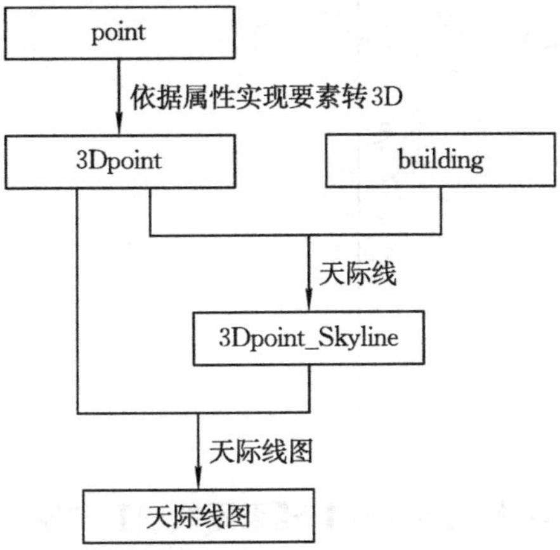

图 7.32　数据处理流程

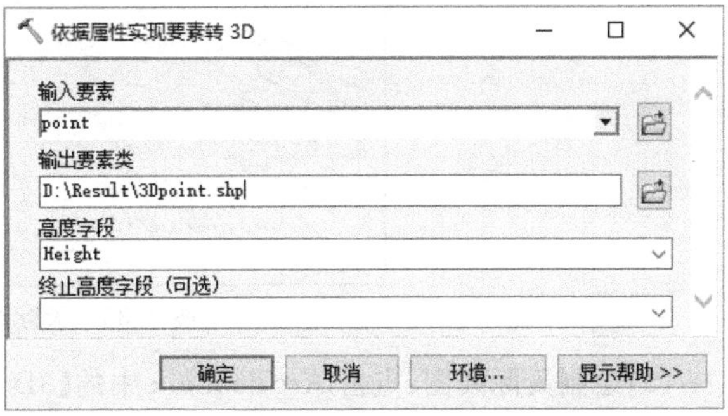

图 7.33　依据属性实现要素转 3D 设置

(2)计算天际线数据:点击 ArcToolbox 中的【3D Analyst】→【可见性】→【天际线】,“输入观察点要素”设置为“3Dpoint”,“输入要素(可选)”选择“building”数据,方位角增量设为 2°,如图 7.34 所示,点击【确定】,结果如图 7.35 所示。

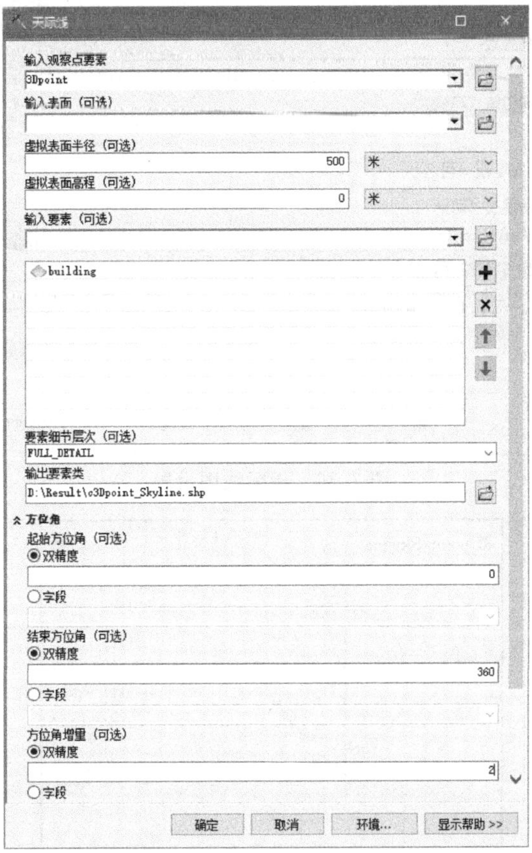

图 7.34　天际线设置

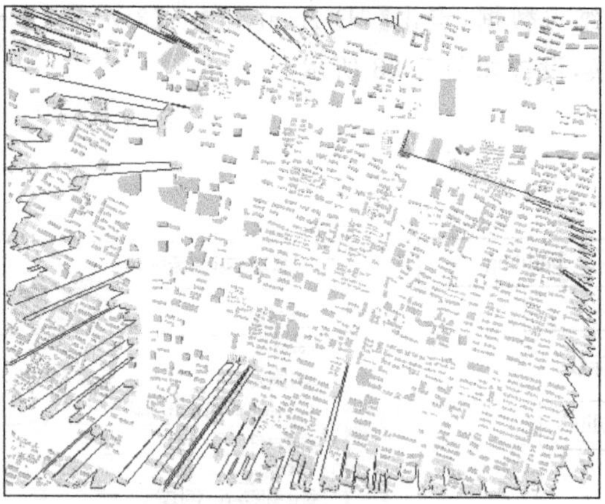

图 7.35　天际线结果

(3)绘制天际线图:点击 ArcToolbox 中的【3D Analyst】→【可见性】→【天际线图】。“输入观察点要素”选择“point”数据,“输入线要素”选择天际线数据“3Dpoint_Skyline”(图 7.36),输出结果如图 7.37 所示。

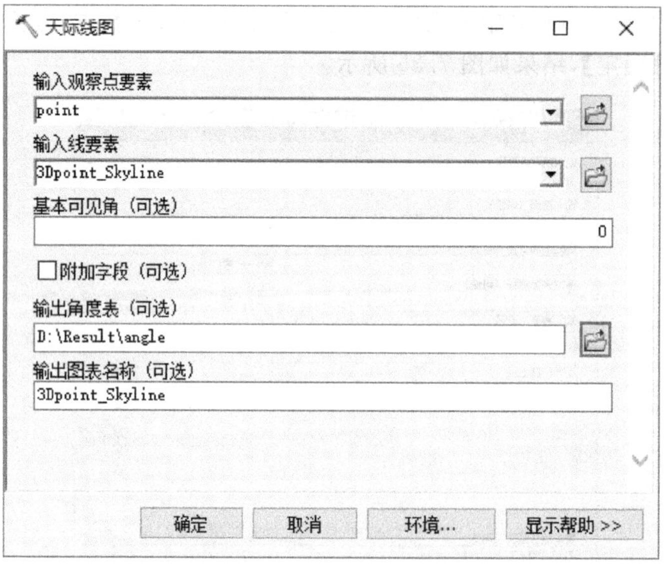

图 7.36　天际线图设置

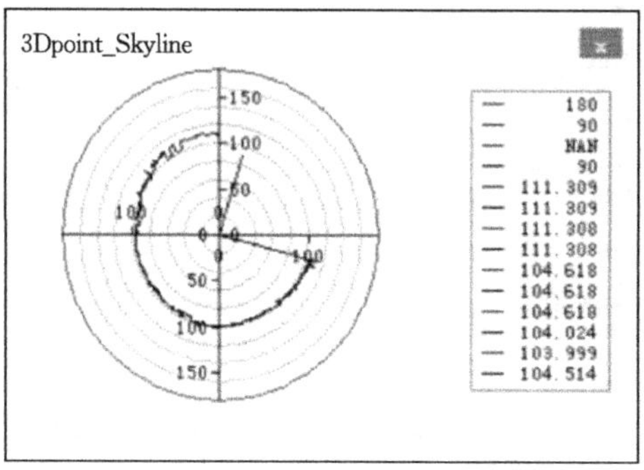

图 7.37　天际线图输出结果

7.4.6　计算建筑面积

利用天际线有效边界的总长度，找出符合要求的建筑物，计算最高和最低建筑的总建筑面积，数据处理流程如图7.38所示。

(1) 计算天际线有效边界：点击Arc_Toolbox中的【分析工具】→【叠加分析】→【相交】。“输入要素”选择建筑物数据和天际线数据(图7.39)，输出结果如图7.40所示。

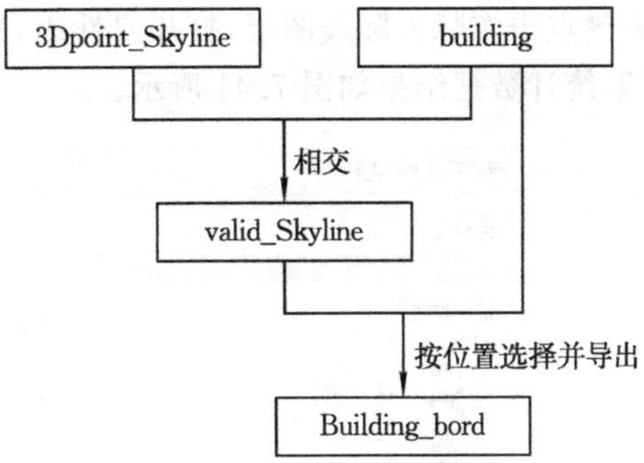

图7.38　数据处理流程

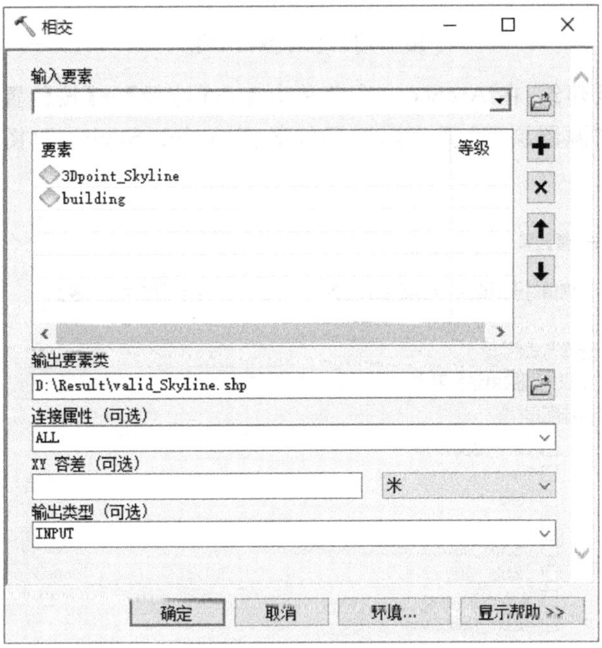

图7.39　相交设置

图7.40　有效天际线

右键点击实际天际线图层，打开属性表，选中“Shape_Leng”字段，右键点击该字段，选择【统计】，统计数据结果如图 7.41 所示。

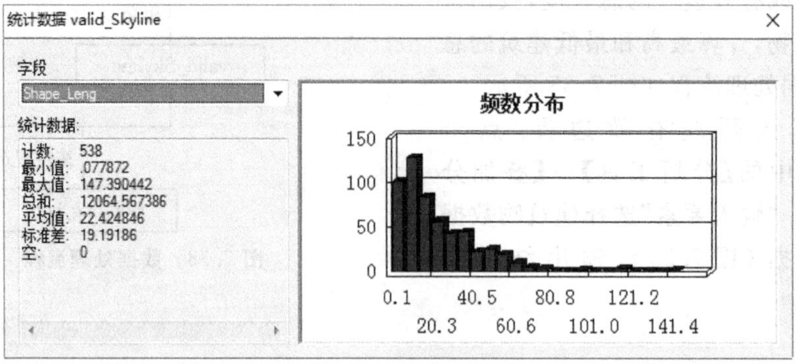

图 7.41 统计数据结果

(2)找出最高最低建筑：在 ArcScene 主菜单中点击【选择】→【按位置选择】。“目标图层”选择“building”数据，“源图层”选择实际天际线数据“valid_Skyline”(图 7.42)，输出结果如图 7.43 所示。

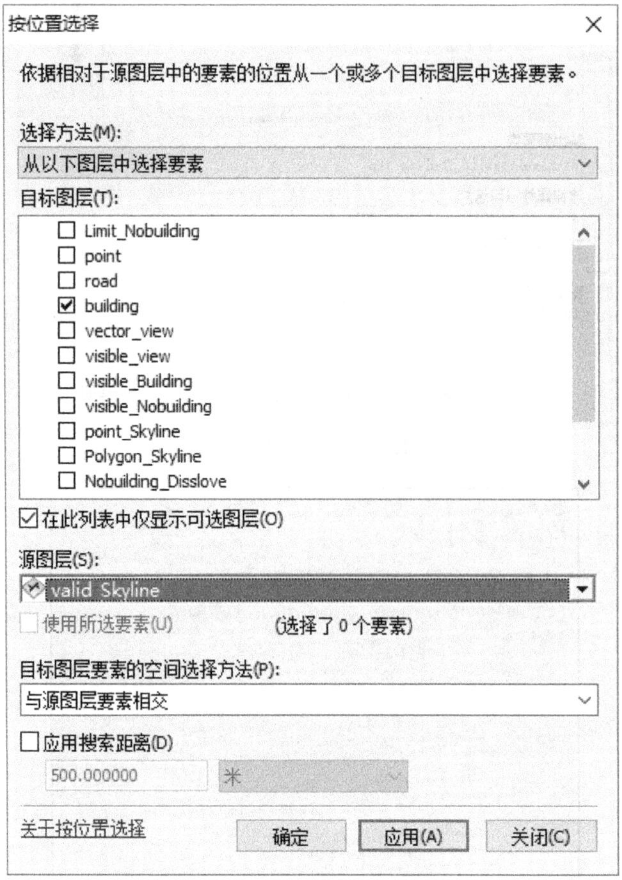

图 7.42 按位置选择设置

图 7.43 选择后结果

右键点击“building”图层，选择【数据】→【导出数据】，设置好保存路径，如图 7.44 所示。

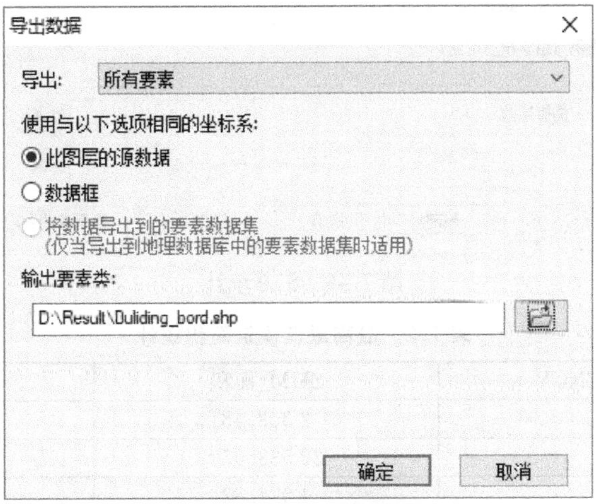

图 7.44 导出数据设置

右键点击导出数据图层，打开属性表，选中 Height 字段，右键点击该字段，选择【统计】。统计数据结果如图 7.45 所示，可以看到最大值为 195，最小值为 3。

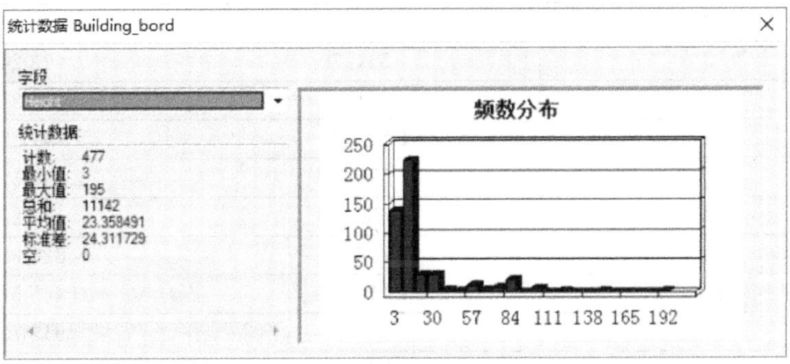

图 7.45 统计数据结果

(3)计算最高最低建筑面积之和：点击 ArcToolbox 中【分析工具】→【统计分析】→【汇总统计数据】，对面积字段进行求和统计，以 Floor 字段进行案例分组(图 7.46)，结果如表 7.2 所示。最高建筑物共 65 层，每层面积约为 2 730.69 m^2，总面积约为 177 494.85 m^2。最低建筑物仅有 1 层，每层面积平均约为 2 308.48 m^2，共有 12 栋，总面积约为 27 701.76 m^2。

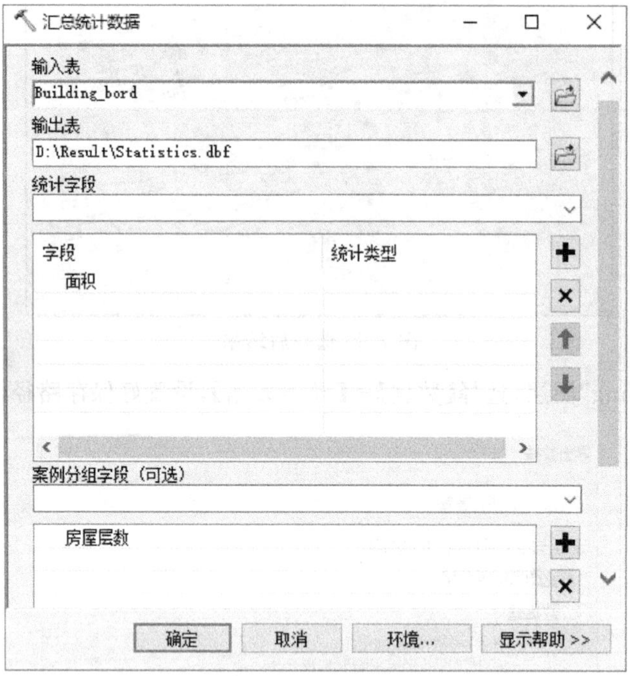

图 7.46　汇总统计

表 7.2　最高最低建筑面积统计

Floor	FREQUENCY	SUM_面积	总面积
1	12	2 308.48	27 701.76
2	109	22 533.05	4 912 204.64
3	17	4 022.82	205 164.03
4	1	334.21	1 336.86
5	1	352.24	1 761.18
6	221	105 862.95	140 374 266.30
8	29	18 336.30	4 254 021.64
10	28	20 515.85	5 744 438.25
12	2	551.79	13 242.99
15	3	4 761.62	214 273.12
18	2	1 145.86	41 251.01
20	11	11 575.56	2 546 622.98
24	4	1 950.28	187 226.80
25	8	4 106.13	821 226.06
30	20	17 442.55	10 465 528.82
35	6	4 346.35	912 733.97
40	1	585.04	23 401.52
50	1	1 194.90	59 744.96
65	1	2 730.69	177 495.85